普通高等教育"十二五"规划教材

土木工程专业

砌 体 结 构 （第二版）

主　编　谢启芳　门进杰

编　写　薛建阳

主　审　王秀逸

U0336680

中国电力出版社

CHINA ELECTRIC POWER PRESS

内 容 提 要

本书为普通高等教育"十二五"规划教材。全书分为 6 章，在第一版的基础上，根据《砌体结构设计规范》(GB 50003—2011)、《混凝土结构设计规范》(GB 50010—2010)、《建筑结构荷载规范》(GB 50009—2012)进行了再版修订，同时对第一版在使用中发现的一些问题和不足进行了修订。书中系统介绍了砌体结构的基本理论和设计方法，概念清楚、内容简练、叙述简明，配有典型例题、小结、思考题和习题，便于学生复习巩固所学内容。

本书可作为高等院校土木工程专业的教材，还可供相关技术人员参考。

图书在版编目（CIP）数据

砌体结构/谢启芳，门进杰主编 . —2 版 . —北京：中国电力出版社，2016.7

普通高等教育"十二五"规划教材

ISBN 978 - 7 - 5123 - 3713 - 8

Ⅰ.①砌…　Ⅱ.①谢…②门…　Ⅲ.①砌体结构－高等学校－教材　Ⅳ.①TU36

中国版本图书馆 CIP 数据核字（2012）第 265058 号

中国电力出版社出版、发行

（北京市东城区北京站西街 19 号　100005　http://www.cepp.sgcc.com.cn）

北京雁林吉兆印刷有限公司印刷

各地新华书店经售

*

2009 年 9 月第一版

2013 年 1 月第二版　　2016 年 7 月北京第四次印刷

787 毫米×1092 毫米　16 开本　8.75 印张　205 千字

定价 **15.00** 元

前 言

　　为使读者掌握最新修订的国家标准，本书在第一版的基础上，根据《砌体结构设计规范》（GB 50003—2011）、《混凝土结构设计规范》（GB 50010—2010）、《建筑结构荷载规范》（GB 50009—2012）进行了再版修订，同时对第一版在使用中发现的一些问题和不足进行了修订，主要包括：

　　（1）增加了混凝土普通砖等适用节能减排、成熟可行的新型砌体材料。

　　（2）增加了提高砌体耐久性的有关规定。

　　（3）修订了部分砌体强度的取值方法，对砌体强度调整系数进行了简化。

　　（4）补充了砌体组合墙平面外偏心受压计算方法。

　　（5）完善和补充了框架填充墙、夹心墙设计的构造要求。

　　参加本书修订工作的有：谢启芳（第2、3、5章）、门进杰（第4、6章）、薛建阳（第1章）。全书最后由谢启芳、门进杰修改定稿。

　　王秀逸教授审阅了本书，提出了许多宝贵意见，在此表示衷心的感谢！

　　限于编者水平，书中难免有误漏之处，恳请读者批评指正。

编　者

2012 年 9 月

第一版前言

为贯彻落实教育部《关于进一步加强高等学校本科教学工作的若干意见》和《教育部关于以就业为导向深化高等职业教育改革的若干意见》的精神，加强教材建设，确保教材质量，中国电力教育协会组织制订了普通高等教育"十一五"教材规划。该规划强调适应不同层次、不同类型院校，满足学科发展和人才培养的需求，坚持专业基础课教材与教学急需的专业教材并重、新编与修订相结合。本书为新编教材。

《砌体结构》是土木工程专业的一门主要专业课程。本书系统介绍了砌体结构的基本理论和设计方法，包括砌体材料及砌体的物理力学性能，砌体结构以概率理论为基础的极限状态设计方法，无筋砌体构件承载力的计算，配筋砌体构件承载力的计算，混合结构房屋墙、柱的设计以及其他结构构件的设计等。

本书的编写依据为《砌体结构设计规范》（GB 50003—2001）及相关砌体结构的研究成果。为适应土木工程专业应用型人才培养的需要，在编写过程中力求做到概念清楚、内容简练、叙述简明。主要章节均配有典型例题、小结、思考题和习题，便于学生复习巩固所学内容。本书可作为高等院校土木工程专业的本科教材，也可作为土木工程专业专科教材，还可供相关技术人员参考。

本书由西安建筑科技大学组织编写。具体分工为：薛建阳编写第 1、2 章，谢启芳编写第 3、5 章，门进杰编写第 4、6 章。全书由谢启芳、薛建阳任主编。

西安建筑科技大学王秀逸教授审阅了全书并提出了许多宝贵意见，李晓文教授对书中的例题进行了审阅和修改，在此一并表示衷心的感谢！

限于编者水平，书中错误与不妥之处在所难免，恳请读者批评指正。

编　者

2009 年 5 月

目　　录

第1章　概　　述

1.1　砌体结构发展概况

砌体结构是指由块体（各种砖、各种砌块或石材）及砂浆砌筑而成的墙、柱作为建筑物主要受力构件的结构。由于过去大量采用的是砖砌体和石砌体，因此习惯上称为砖石结构。

砌体结构在我国有着非常悠久的应用历史。早在五千多年前就已出现石砌的祭坛和围墙，到了西周时期（公元前1097年—前771年），已烧制出黏土瓦和铺地砖。秦汉时代，我国的砖瓦生产已很发达，著名的"秦砖汉瓦"在一定程度上代表了当时的科技发展水平。古代的砌体结构主要用于陵墓、城墙、佛塔、石拱桥、佛殿等。驰名中外的万里长城（图1.1），蜿蜒雄伟，气势磅礴，堪称砌体结构的典范。河北赵县的安济桥（图1.2），建于隋朝，至今已有1400多年的历史，是世界上最早的一座空腹式石拱桥。在材料使用、结构受力、经济美观等诸方面都达到了很高的水平。西安的大雁塔（图1.3）、小雁塔、开封的嵩岳寺塔（图1.4）、南京灵谷寺的无梁殿等砌体结构古建筑，在我国文明史上都占有一席之地。

图1.1　万里长城

图1.2　安济桥

图1.3　大雁塔

图1.4　嵩岳寺塔

　　新中国成立后，砌体结构得到了迅速发展，目前已广泛应用于各类工业与民用建筑及其构筑物，建造规模与应用领域不断扩大，空心砖、硅酸盐块材、混凝土砌块等各种新型砌体材料不断出现和更新，砌体结构已发展成为我国工程应用最为广泛的结构类型之一。

　　砌体结构在国外也被广泛采用。埃及的金字塔是世界上最伟大的建筑工程之一，它建于约4500年前，是用巨大石块修砌成的方锥形建筑（图1.5）。罗马和希腊石砌的古城堡和教堂则反映了西方古代文明的杰出成就（图1.6）。到了近代，国外采用砌体作为承重构件建造了许多高层房屋。1891年美国芝加哥建造了一幢17层砖房，由于当时的技术条件限制，其底层承重墙厚1.8m。1957年瑞士苏黎世采用强度58.8MPa，空心率为28%的空心砖建成一幢19层塔式住宅，墙厚才380mm，引起了各国的兴趣和关注。1970年在英国诺丁汉市建成一幢14层房屋，其内墙厚230mm，外墙厚270mm，与钢筋混凝土框架相比，上部结构的造价降低约7.7%。

图1.5　埃及金字塔

图1.6　古希腊赫夫斯托斯神殿

　　从砖的生产方面来看，1979年，欧洲各国的产量为409亿块，前苏联为470亿块，亚洲各国132亿块，美国85亿块。国外砖的强度一般为30～60MPa，有的高达140～230MPa。孔洞率一般为20%～40%，有的甚至达到60%。空心砖的重力密度一般为13kN/m³，轻的仅为6kN/m³。

　　国外砌块的发展速度也很快，在20世纪70年代一些欧美国家的砌块产量就接近或超过了砖的产量。英国1976年生产砖60亿块，砌块67亿块；美国1974年生产砖73亿块，砌块370亿块。

　　中国是个砖产量大国，据统计，1980年全国的砖产量为1566亿块，近年已达2100亿块，人均200块左右。混凝土小型砌块的发展也相当快，据中国建筑砌块协会统计，我国混凝土小砌块的年产量在1992年为600万m³，1993年达到2000万m³，1998年的产量已达3500万m³，各类小、中、大型砌块建筑的总面积达到8000万m²。建筑砌块与砌块建筑不仅具有较好的技术和经济效益，而且在节约土地资源、节省能源和废物利用等方面都具有巨大的社会效益和环境效益。

1.2　砌体结构的特点及其应用

　　经过长期工程实践的总结，砌体结构的优点主要表现在以下几个方面：

　　(1) 砌体所用的原材料,如天然石材、黏土、砂等都可以就地取材,成本低廉,而且可采用粉煤灰等工业废料制成粉煤灰砖、粉煤灰砌块和砂渣砖等各种块材。

　　(2) 砖及小型砌块砌体在砌筑时不需要模板及其他特殊的机器设备,施工的适应性较强。

　　(3) 具有良好的耐火性和耐久性。砖砌体可耐受 $400\sim500$ ℃ 高温,且有良好的耐腐蚀和耐冻融的大气稳定性,正常情况下可以达到耐久性设计的要求,而且不需要或仅需很少的维修费用。

　　(4) 具有良好的保温、隔热和隔音性能。黏土砖的蓄湿性、透气性好,有利于调节室内的空气湿度,使人感到舒适,因而特别适合于建造民用建筑房屋。

　　砌体结构也存在以下一些缺点:

　　(1) 砌体的强度较低,因而必须采用截面面积较大的墙、柱构件,结构的体积和自重大,材料用量多,运输量、施工量也相应增加。

　　(2) 砂浆和块材之间的粘结力较弱,因此砌体的抗拉、抗弯和抗剪强度较低,抗震性能差,其应用受到限制。

　　(3) 砖和小型砌块砌体基本上还是采用手工方式砌筑,因而劳动量大,生产效率较低。

　　(4) 砖砌体结构中黏土砖的用量很大,生产黏土砖往往占用和破坏大量农田,不仅影响农业生产,而且污染环境,造成能源浪费。

　　由于砌体结构具有上述特点,它被广泛应用于各类工程结构中:

　　(1) 房屋中的墙、柱、基础和地沟等构件。这些构件主要承受轴心或偏心压力作用,可以充分利用砌体抗压强度较高的优点。在抗震设防烈度为 6 度的地区,由烧结普通砖砌体建造的住宅建筑可以达到 7 层,而采用配筋砌块的房屋,以及在非抗震设防地区,房屋可以建得更高。

　　(2) 中、小型工业厂房,高度较小的俱乐部、食堂,以及农村的居住建筑,也常采用砌体作为围护结构或承重结构。

　　(3) 一些特殊结构,如高度较低的烟囱、小型管道支架、料仓、地沟及对渗水性要求不高的水池等结构,也可采用砌体结构建造。

　　(4) 桥梁、隧道、各种地下渠道、涵洞、挡土墙、小型水坝、渡槽支架等土木和水利工程结构也常采用砌体结构建造。

　　砌体结构是由单个块体和砂浆用手工砌筑而成的,其砌筑质量通常难以保证均匀,整体性较差,再加上砌体本身自重大、强度低、抗震性能差,因此在地震区应用时,应采取必要的抗震措施予以加强。

1.3　砌体结构的发展展望

　　砌体结构由于取材方便、造价低廉等突出优点,其应用非常广泛,在今后相当长时期内仍将是我国一种主导的结构形式。但是应当看到,与钢结构和钢筋混凝土结构等其他结构相比较,传统砌体结构中由于块材强度较低、自重大、生产效率低、建设周期长、难以满足现代工程日益发展的要求。因此有必要继续发展和完善其结构性能,在以下方面开展工作:

一、积极开发节能环保型新型建材

　　保护生态环境以确保人类的可持续发展已成为当今社会人们的共识,这就要求:

　　(1) 加大限制高能耗和资源消耗、高污染低效益产品的生产力度。对黏土砖,国家早就出台了减少和限制的政策，北京和上海等大城市已规定不允许采用黏土实心砖。

（2）大力发展粉煤灰砖、钢渣砖、炉渣砖及其空心砌块、粉煤灰加气混凝土墙板等蒸压灰砂废渣制品。我国对这些制品的生产量在 20 世纪 80 年代以前曾达到 2.5 亿块，消耗工业废渣几百万吨，取得了显著效益，但在工艺的改进，产品性能和强度等级的提高以及降低成本等方面还有工作要做。

（3）应大力发展和推广轻型复合墙板和复合砌块。轻型墙板可利用工业废渣，如粉煤灰代替部分水泥，骨料可为陶粒、矿渣或炉渣等轻骨料，加入玻璃纤维或其他纤维，这种墙板可提高砌体施工的工业化水平。复合墙板既能满足建筑节能、保温、隔热的要求，又符合外墙防水、强度等技术要求，具有广泛的应用前景。复合砌块墙体材料也是今后的发展方向，如采用矿渣空心砖、灰砂砌块、混凝土空心砌块等与绝缘材料相结合都可满足外墙的使用要求，是墙体材料绿色化的主要发展方向。

二、发展高强砌体材料，减轻砌体自重

目前我国的砌体材料和发达国家相比，还存在一定差距，主要是强度低、耐久性差，如黏土砖的抗压强度一般为 7.5～15MPa，承重空心砖的孔洞率也较低，一般不超过 25%。因此，应革新生产工艺，在配料、成型、烧结技术等方面进行改进，以提高烧结砖的强度和质量。另外，可因地制宜，在黏土较多的地区，发展高强黏土制品，高空隙率的保温砖和外墙装饰砖、块材等；在少黏土的地区，发展高强混凝土砌块、承重装饰砌块和利废材料制成的砌块等。

在发展高强块材的同时，应研制高强度等级的砌筑砂浆。目前，我国常用砂浆的抗压强度一般为 2.5～10MPa，与块体之间的粘结力不大。为了提高砌体的抗拉、抗剪强度，增强砌体的整体性及与块材之间的粘结性能，应逐步提高砂浆的质量和强度等级。

三、加强约束砌体与配筋砌体的研究与开发，提高砌体结构的抗震性能

我国配筋砌体的应用和研究起步较晚，20 世纪 60 年代湖南衡阳和株洲的一些房屋，其部分墙、柱采用网状配筋砌体承重，节约了钢材和水泥。20 世纪 70 年代以后，尤其是 1975 年海城地震和 1976 年唐山大地震之后，国内开始对设置构造柱和圈梁的约束砌体开展研究，通过在砖墙中加大、加密构造柱形成较强的约束砌体，其抗震性能得到改善，已在地震区和中高层结构中得到了广泛应用。辽宁沈阳、江苏徐州、甘肃兰州等地已先后建造了 8～9 层上百万平方米的这类建筑，取得了良好的经济效益。此外，对配筋砌块剪力墙结构也开展了一定的试验研究，配筋砌块剪力墙能承担竖向和水平荷载作用，是结构中主要的承重构件和抗侧力构件。配筋砌体具有强度高、延性好等优点，与钢筋混凝土剪力墙的性能十分类似，可用于大开间和高层建筑中。1997 年在辽宁盘锦（图 1.7），1998 年在上海园南新村分别建成了 15 层和 18 层配筋砌块剪力墙住宅楼，其抗震设防烈度均为 7 度，场地类别分别为Ⅲ类和Ⅳ类场地；2000 年在抚顺建成开间为

图 1.7　辽宁盘锦 15 层配筋砌块砌体房屋

6.6m 的 12 层配筋砌块剪力墙住宅楼,抗震设防烈度为 7 度,Ⅱ类场地;2007 年在湖南株洲建成 19 层配筋砌块剪力墙住宅楼,是目前国内最高的配筋砌块砌体剪力墙结构房屋。

四、革新砌体结构的施工技术,提高劳动效率和减轻劳动强度

砌体结构传统上是靠手工砌筑,劳动强度大,效率低,工期较长。而砌体的受力和变形性能在很大程度上取决于施工质量和施工条件,因施工质量低劣引起的砌体结构工程事故屡有发生,应当引起人们足够的重视,因此对砌体结构的施工应精心组织,精心管理,切实保证工程质量检验与控制。此外,砌体结构在块材和结构形式的选取上应多采用空心、大块块材和大型预制墙板以加快施工速度,在施工工艺上应提高砂浆和块材的运输、灌注和铺砌的机械化水平,促进施工技术和生产效率迈上一个新台阶。

本 章 小 结

(1) 砌体结构是由块体用砂浆砌筑而成的结构。其应用已有几千年悠久的历史,曾大量用于陵墓、城墙、佛塔、石拱桥、佛殿建筑,目前也广泛用于工业与民用建筑以及构筑物等各类工程结构。

(2) 砌体结构的主要优点是因地制宜、就地取材,造价低,耐火性和耐久性好,且具有良好的保温、隔热性能,适用性较强。其缺点主要是自重大,不利于抗震;抗弯、抗拉、抗剪性能差,强度较低;劳动量大,生产效率较低;破坏土地,污染环境。

(3) 砌体结构的主要发展方向是积极发展新材料,研究具有轻质、高强、低能耗的块体材料;研发具有高强度、特别是具有高粘结强度的砂浆;充分利用工业废料,发展节能墙体。加强约束砌体与配筋砌体等新型砌体结构开发,提高结构的抗震性能;革新砌体结构的施工技术,提高劳动生产率。

第2章 砌体材料及其设计方法

2.1 砌 体 材 料

2.1.1 块体材料

砌体结构用的块体材料一般分为天然石材和人工砖石两大类。人工砖石有经过焙烧的烧结普通砖、烧结多孔砖，以及不经过焙烧的硅酸盐砖、混凝土砖、混凝土小型空心砌块、轻集料混凝土砌块等。

一、烧结普通砖

以煤矸石、页岩、粉煤灰或黏土为主要原料，经过焙烧而成的实心砖称为烧结普通砖。分烧结煤矸石砖、烧结页岩砖、烧结粉煤灰砖、烧结黏土砖等。其中烧结黏土砖是主要品种，也是目前应用最广泛的块体材料。其他非黏土材料制成的砖，如烧结页岩砖、烧结煤矸石砖、烧结粉煤灰砖等既利用了工业废料，又保护了土地资源，有广阔的发展和应用前景。烧结普通砖有全国统一的规格，其尺寸为 240mm×115mm×53mm。

二、烧结多孔砖

以煤矸石、页岩、粉煤灰或黏土为主要原料，经焙烧而成、孔洞率不大于 35%，孔的尺寸小而数量多，主要用于承重部位的砖称为烧结多孔砖。

我国生产的烧结多孔砖，其孔型和外形尺寸多种多样，孔洞率多在 15%～35% 之间，主要规格有：KP1 型 240mm×115mm×90mm；KP2 型 240mm×180mm×115mm；KM1 型 190mm×190mm×90mm。上述规格产品还有 1/2 长度或 1/2 宽度的配砖配套使用，以避免砍砖过多及砍砖困难，有的多孔砖可与烧结普通砖配合使用。几种典型的多孔砖规格及孔洞形式如图 2.1 所示。

烧结空心砖的孔洞率可达 35%～60%，因此又称大孔空心砖，一般多作填充墙用，如图 2.2 所示。采用空心砖不仅减轻了结构自重，获得了更好的保温、隔热和隔声性能，还一定程度上节约了土地，因此，近年来得到了越来越多的推广应用。

三、非烧结硅酸盐砖

以石灰、消石灰或水泥等钙质材料与砂或粉煤灰等硅质材料为主要原料，经坯料制备、压制排气成型、高压蒸汽养护而成的实心砖称为非烧结硅酸盐砖。常用的非烧结硅酸盐砖有蒸压灰砂普通砖、蒸压粉煤灰普通砖等。其规格尺寸与实心黏土砖相同。蒸压硅酸盐砖均不需焙烧，因此不得用于长期受热 200℃ 以上、受急冷急热和有酸性介质侵蚀的建筑部位。

四、混凝土砖

以水泥为胶凝材料，以砂、石等为主要集料，加水搅拌、成型、养护制成的一种多孔的混凝土半盲孔砖或实心砖。多孔砖的主规格尺寸为 240mm×115mm×90mm、240mm×190mm×90mm、190mm×190mm×90mm 等；实心砖的主规格尺寸为 240mm×115mm×53mm、240mm×115mm×90mm 等。

五、混凝土砌块

由普通混凝土或浮石、火山渣、陶粒等轻集料做成的轻集料混凝土制成、空心率为

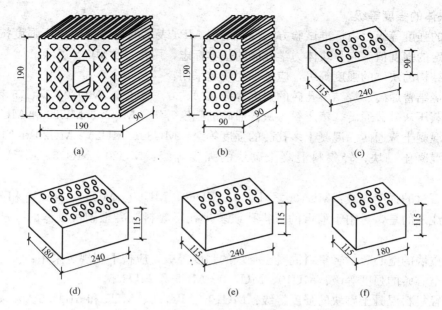

图 2.1　几种多孔砖的规格及孔洞形式
（a）KM1 型；（b）KM1 型配砖；（c）KP1 型；（d）KP2 型；（e）、（f）KP2 型配砖

25%～50% 的空心砌块，简称混凝土砌块或砌块。这些砌块既能保温又能承重，是比较理想的节能墙体材料。此外，利用工业废料加工生产的各种砌块，如粉煤灰砌块、煤矸石砌块、炉渣混凝土砌块、加气混凝土砌块等，既能代替黏土砖，又能减少环境污染。

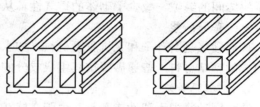

图 2.2　大孔空心砖

混凝土砌块规格多样，一般将高度为 180～350mm 的块体称为小型砌块，如图 2.3 所示；高度为 360～900mm 的砌体称为中型砌块；高度为 900mm 以上的块体称为大型砌块。小型砌块尺寸较小，便于手工砌筑。中大型砌块尺寸较大，适合于机械施工，但受起重设备的限制，在我国较少采用。

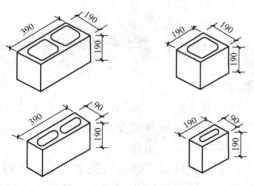

图 2.3　混凝土小型空心砌块

六、石材

石材一般采用重质天然石，如花岗岩、砂岩、石灰岩等，其重力密度大于 $18kN/m^3$。天然石材具有强度高、抗冻性及耐火性能好等优点，因此常用于建筑物的基础、挡土墙等，在石材产地也可用于砌筑承重墙体。

天然石材分为料石和毛石两种。料石按其加工后的外形规则程度又分为细料石、粗料石和毛料石。毛石是指形状不规则、中部厚度不小于 200mm 的块石。

石砌体中的石材应选用无明显风化的天然石材。

2.1.2　块体的强度等级

块体的强度等级是由标准试验方法得到的以 MPa 表示的块体极限抗压强度按规定的评定方法确定的强度值。它是块体力学性能的基本标志，用符号"MU"表示。

承重结构的块体的强度等级，应按下列规定采用：

（1）烧结普通砖、烧结多孔砖的强度等级：MU30、MU25、MU20、MU15 和 MU10。

（2）蒸压灰砂普通砖、蒸压粉煤灰普通砖的强度等级：MU25、MU20 和 MU15。

（3）混凝土普通砖、混凝土多孔砖的强度等级：MU30、MU25、MU20 和 MU15。

（4）混凝土砌块、轻集料混凝土砌块的强度等级：MU20、MU15、MU10、MU7.5 和 MU5。

（5）石材的强度等级：MU100、MU80、MU60、MU50、MU40、MU30 和 MU20。

需要注意的是，对用于承重的双排孔或多排孔轻集料混凝土砌块砌体的孔洞率不应大于 35%。

自承重墙的空心砖、轻集料混凝土砌块的强度等级，应按下列规定采用：

（1）空心砖的强度等级：MU10、MU7.5、MU5 和 MU3.5。

（2）轻集料混凝土砌块的强度等级：MU10、MU7.5、MU5 和 MU3.5。

2.1.3　砂浆的种类和强度等级

砂浆的作用是将单个块体连成整体，并抹平块体表面使其应力分布均匀。同时，砂浆填满了块体间的缝隙，减少了砌体的透气性，从而提高砌体的隔热、防水和抗冻性能。

一、普通砂浆

普通砂浆是由砂子和无机胶凝材料（如水泥、石灰、石膏、黏土等）按一定比例加水搅拌而成的粘结材料。普通砂浆按其组成成分的不同可以分为以下三类：

（一）水泥砂浆

纯水泥砂浆中无塑性掺和料，由于它能在潮湿环境中硬化，因此一般多用于含水量较大的地基土中的地下砌体。

（二）混合砂浆

混合砂浆为在水泥砂浆中掺入一定比例的塑化剂，如水泥石灰砂浆、水泥粘土砂浆等。混合砂浆的强度较高、和易性及保水性较好，便于施工砌筑。一般用于地面以上的墙、柱砌体。

（三）非水泥砂浆

为不含水泥的砂浆，如石灰砂浆、黏土砂浆和石膏砂浆等。这类砂浆强度低，耐久性差，只适宜于砌筑地面以上的砌体及简易建筑物等。

二、蒸压灰砂普通砖、蒸压粉煤灰普通砖专用砂浆

由水泥、砂、水以及根据需要掺入的掺和料和外加剂等组成，按一定比例，采用机械拌制成，专门用于砌筑蒸压灰砂砖或蒸压粉煤灰砖砌体，且砌体抗剪强度应不低于烧结普通砖砌体的取值的砂浆，称为蒸压灰砂普通砖、蒸压粉煤灰普通砖专用砂浆。

蒸压硅酸盐砖由于其表面光滑，与砂浆粘结力较差，砌体沿灰缝抗剪强度较低，影响了蒸压硅酸盐砖在地震设防区的推广与应用。因此，为了保证砂浆砌筑时的工作性能和砌体抗剪强度不低于用普通砂浆砌筑的烧结普通砖砌体，应采用粘结强度高、工作性能好的专用砂浆。

三、混凝土砌块（砖）专用砂浆

混凝土砌块（砖）专用砂浆是由水泥、砂、水以及根据需要掺入的掺和料和外加剂等组成，按一定比例，采用机械拌制成，专门用于砌筑混凝土砌块（砖）的砌筑砂浆，简称砌块专用砂浆。

对于块体高度较高的普通混凝土砖空心砌块，普通砂浆很难保证竖向灰缝的砌筑质量。调查发现，一些砌块建筑墙体灰缝不饱满，有的出现了"瞎缝"，影响了墙体的整体性，因此需采用与砌块相适应的专用砂浆。

四、砂浆的强度等级

采用边长为 70.7mm 的立方体标准试块，在 20℃±3℃ 温度下，水泥砂浆在湿度为 90% 以上，水泥石灰砂浆在湿度为 60%～80% 环境中养护 28d，然后进行抗压试验，按计算规则得出的以 MPa 表示的砂浆试件强度值，称为砂浆的强度等级。砂浆的强度等级应按下列规定采用：

（1）烧结普通砖、烧结多孔砖、蒸压灰砂普通砖和蒸压粉煤灰普通砖砌体采用的普通砂浆强度等级：M15、M10、M7.5、M5 和 M2.5；蒸压灰砂普通砖和蒸压粉煤灰普通砖砌体采用的专用砌筑砂浆强度等级：Ms15、Ms10、Ms7.5 和 Ms5。

（2）混凝土普通砖、混凝土多孔砖、单排孔混凝土砌块和煤矸石混凝土砌块砌体采用的砂浆强度等级：Mb20、Mb15、Mb10、Mb7.5 和 Mb5。

（3）双排孔或多排孔轻集料混凝土砌块砌体采用的砂浆强度等级：Mb10、Mb7.5 和 Mb5。

（4）毛料石、毛石砌体采用的砂浆强度等级：M7.5、M5 和 M2.5。

在确定砂浆强度等级时应采用同类块体为砂浆强度试块底模。

五、对砂浆质量的要求

为了满足工程设计需要和施工质量，砂浆应当满足以下要求：

（1）砂浆应有足够的强度，以满足砌体的强度要求。

（2）砂浆应具有较好的和易性，以便于砌筑，保证砌筑质量和提高工效。

（3）砂浆应具有适当的保水性，使其在存放、运输和砌筑过程不出现明显的泌水、分层、离析现象，以保证砌筑质量、砂浆的强度和砂浆与块体之间的粘结力。

2.1.4　混凝土砌块灌孔混凝土

在混凝土小型砌块建筑中，为了提高房屋的整体性、承载力和抗震性能，常在砌块竖向孔洞中设置钢筋并浇筑灌孔混凝土，使其形成钢筋混凝土芯柱。在有些混凝土小型砌块砌体中，虽然孔内并没有配钢筋，但为了增大砌体横截面面积，或为了满足其他功能要求，也需要灌孔。混凝土砌块灌孔混凝土是由水泥、砂子、碎石、水以及根据需要掺入的掺和料和外加剂等组分，按一定比例，采用机械搅拌后，用于浇筑混凝土砌块砌体芯柱或其他需要填实部位孔洞的混凝土，简称砌块灌孔混凝土。砌块灌孔混凝土应具有较大的流动性，其坍落度应控制在 200～250mm，强度等级用 Cb 表示。

2.1.5　砌体材料的选择

砌体结构所用材料应根据以下几方面进行选择：

（1）应符合"因地制宜，就地取材"的原则，尽量选用当地性能良好的块体材料和砂浆，以获得较好的技术经济指标。

（2）应保证砌体的强度和耐久性，选择强度等级适宜的块体和砂浆。对于北方寒冷的地区，块体还必须满足抗冻性要求，以保证在多次冻融循环之后块体不至于剥蚀和强度降低。

（3）应考虑施工队伍的技术条件和设备情况，并应方便施工。

（4）应考虑建筑物的使用性质和所处的环境因素。

2.2　砌体的类型

砌体分为无筋砌体和配筋砌体两大类。仅由块体和砂浆组成的砌体称为无筋砌体。无筋砌体包括砖砌体、砌块砌体和石砌体，它的应用范围广泛，但抗震性能较差。在砌体中配有钢筋或钢筋混凝土的砌体称为配筋砌体。配筋砌体的抗压、抗剪和抗弯承载力较高，且具有良好的抗震性能。

2.2.1　无筋砌体

一、砖砌体

砖砌体按照所用砖类型的不同，可以分为普通黏土砖砌体、黏土空心砖砌体和各种硅酸盐砖砌体；按照砌筑形式的不同，可以分为实心砖砌体和空心砖砌体。

实心砖砌体通常采用一顺一丁、梅花丁和三顺一丁的砌筑方式，如图 2.4 所示。烧结普通砖和非烧结硅酸盐砖砌体的墙厚可为 120mm（半砖）、240mm（1 砖）、370mm$\left(1\frac{1}{2}砖\right)$、490mm（2 砖）、620mm$\left(2\frac{1}{2}砖\right)$和 740mm（3 砖）等。有时为了节约建筑材料，墙厚可不按半砖而采用 1/4 砖进位，那么有些砖则必须侧砌而构成 180mm、300mm 和 430mm 等厚度。目前国内几种应用较多的多孔砖可砌成 90mm、180mm、190mm、240mm、290mm 和 390mm 等厚度的砖墙。

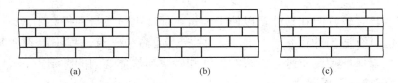

（a）　　　　　　　　　（b）　　　　　　　　　（c）

图 2.4　砖的砌筑方式

（a）一顺一丁；（b）梅花丁；（c）三顺一丁

二、砌块砌体

目前我国应用较多的砌块砌体主要为混凝土小型空心砌块砌体。和砖砌体一样，砌块砌体也应分皮错缝搭砌。混凝土小型砌块上、下皮搭砌长度不得小于 90mm，砌筑空心砌块时，一般应孔对孔，肋对肋以利于传力。混凝土小型空心砌块便于手工砌筑，在使用上比较灵活，而且可以利用其孔洞做成配筋芯柱，满足抗震要求。

三、石砌体

石砌体是由天然石材和砂浆或由天然石材和混凝土砌筑而成，可分为料石砌体、毛石砌体和毛石混凝土砌体。在石材资源丰富的地区，石砌体应用比较广泛且较为经济。料石砌体可用作一般民用房屋的承重墙、柱和基础，还用于建造拱桥、坝和涵洞等工程。毛石砌体可用于建造一般民用房屋及规模不大的构筑物基础，也常用于挡土墙和护坡。毛石混凝土砌体的砌筑方法比较简单，它是在模板内交替地铺设混凝土和毛石层，通常用作一般房屋和构筑物的基础及挡土墙等。

2.2.2　配筋砌体

为了提高砌体的强度或当构件截面尺寸受到限制时，可在砌体内配置适量的钢筋或钢筋混凝土，构成配筋砌体。配筋砌体可分为配筋砖砌体和配筋砌块砌体，其中配筋砖砌体又可分为网状配筋砖砌体、组合砖砌体、砖砌体和钢筋混凝土构造柱组合墙。

一、网状配筋砖砌体

这种砌体又称横向配筋砌体，是将钢筋网片或水平钢筋配在砌体的水平灰缝内，如图 4.1 所示。它主要用于轴心受压和偏心距较小的偏心受压构件。

二、组合砖砌体

这种砌体分为两类，一类是在砌体外侧预留的竖向凹槽内配置纵向钢筋，再浇灌混凝土或砂浆面层，故可称为外包式组合砖砌体，如图 2.5 所示。另一类是由砖砌体与钢筋混凝土构造柱所组成，因为柱是嵌入在砖墙中，故也可称为内嵌式组合砖砌体，其构造如图 2.6 所示。工程实践表明，设置钢筋混凝土构造柱不但可以提高墙体的承载能力，同时构造柱与房屋圈梁连接组成的框体对墙体的约束作用也很明显，可以增强房屋的变形能力和抗倒塌能力。

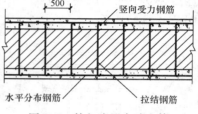

图 2.5　外包式组合砖砌体

三、配筋砌块砌体

配筋砌块砌体就是在混凝土小型空心砌块孔洞中插入上下贯通的竖向钢筋，一般同时在水平灰缝或砌块凹槽中设置水平钢筋，用混凝土灌实砌块孔洞而形成的结构体系，也称为配筋砌块砌体剪力墙结构，如图 2.7 所示。这种配筋砌体自重轻，抗震性能好。由于不用黏土砖，在节土、节能、减少环境污染等方面均具有积极意义，在我国有广泛的推广应用前景。

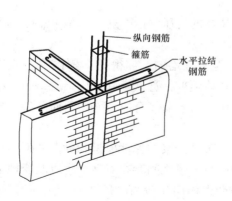

图 2.6　内嵌式组合砖砌体

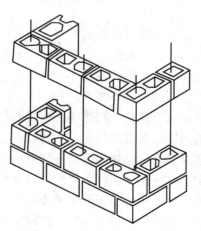

图 2.7　配筋混凝土空心砌块砌体

2.3　砌体的物理力学性能

2.3.1　砌体的受压性能

一、砌体轴心受压时的破坏过程

由大量试验可知，砖砌体在轴心压力作用下的破坏过程大致分为以下三个阶段：

（1）从开始加荷到砌体中个别砖出现裂缝，如图 2.8（a）所示。其荷载大致为极限荷载的 50%～70%。如果此时不再继续增大荷载，则单块砖的裂缝停止扩展。

（2）继续加荷，砌体内的单砖裂缝将继续发展，并逐渐形成贯通几皮砖的连续竖向裂缝。其荷载约为极限荷载的 80%～90%。如果此时荷载不再增加，裂缝仍将继续缓慢扩展，如图 2.8（b）所示。

（3）如果继续加荷，裂缝很快上下延伸并加宽，砌体被贯通的竖向裂缝分割成若干互不相连的独立小柱，最终因局部砌体被压碎或受压柱体丧失稳定而发生破坏。此时的裂缝分布如图 2.8（c）所示。

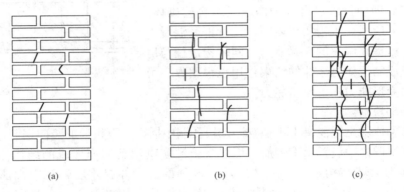

图 2.8　砖砌体受压破坏特征
（a）开始出现裂缝；（b）形成贯通竖向裂缝；（c）极限状态

二、砌体受压时的应力状态

试验表明，砌体的抗压强度总是低于它所用块体的抗压强度。这一现象可用砌体中单块砖所处的应力状态加以说明。

（1）由于砖的表面不平整、砂浆铺砌又不可能十分均匀，使得砖在砌体中并非均匀受压，还同时承受弯曲和剪切作用。而砖的抗弯、抗剪强度又远低于其抗压强度，因此在单块砖的抗压能力还没有被充分利用之前，砌体就在压、弯、剪复合应力作用下而开裂，导致砌体的抗压强度总是比单块砖的抗压强度小。

（2）砌体在竖向受压时要产生横向变形，由于砖与砂浆的弹性模量和横向变形系数均不同，砖的横向变形一般小于砂浆的变形。但由于砖与砂浆之间存在着粘结力以及摩擦力的作用，使二者保持共同的横向变形，这样就在砖内产生横向拉应力，砂浆内产生横向压应力。砖所受的水平拉应力作用促使了砖内裂缝的出现，使砌体的抗压强度降低。

（3）砌体中竖向灰缝不可能完全填满，因而砌体的整体性受到削弱。同时砖和砂浆之间的粘结力也不能充分得到保证，因此在竖向灰缝上的砖内产生横向拉应力和剪应力的集中，加速砌体中砖的开裂，引起砌体抗压强度降低。

三、影响砌体抗压强度的主要因素

影响砌体抗压强度的因素很多，主要有以下几个方面。

（一）块体和砂浆强度

块体和砂浆强度是影响砌体抗压强度的最主要因素。一般来说，砌体的抗压强度随块体和砂浆强度等级的提高而增大，但当砂浆强度等级过高时，砌体抗压强度的提高并不明显。

（二）砂浆的变形性能

砂浆的变形性能对砌体的抗压强度有重要影响。砂浆的强度等级越低，变形越大，块体受到的拉应力和弯、剪应力也越大，导致砌体的抗压强度降低。

（三）砂浆的流动性和保水性

砂浆的流动性和保水性好，容易使铺砌成的水平灰缝饱满，厚度和密实性都较为均匀，从而降低块体在砌体中的弯、剪应力，使砌体的抗压强度提高。但是，如果砂浆的流动性过大，则它在硬化后的变形率也越大，反而会降低砌体的强度。

纯水泥砂浆容易失水而降低其流动性，不易保证砌筑时砂浆均匀而降低砌体强度。因此，在工程中宜采用掺有石灰或黏土的混合砂浆砌筑砌体。

（四）块体的形状和灰缝厚度

块体的外形对砌体抗压强度也有明显影响。如果块体的厚度大、外形比较规则、平整，则它在砌体中所受的拉、弯、剪应力较小，这有利于推迟块体中裂缝的出现和开展，提高砌体的抗压强度。

砌体中灰缝越厚，其均匀性和密实性越难以保证，除块体所受的弯、剪作用增大外，由于灰缝横向变形使得块体所受的拉应力也随之增大，砌体抗压强度降低。因此当块体的表面平整时，灰缝宜尽量薄。对砖和小型砌块砌体，灰缝厚度应控制在 8～12mm；对料石砌体，一般灰缝厚度不宜大于 20mm。

（五）砌筑质量

砌体的砌筑质量，如块体在砌筑时的含水率，砂浆水平灰缝的饱满度以及工人的施工水平等对砌体抗压强度的影响很大。实验表明，当砂浆饱满度由 80% 降低到 65% 时，砌体强度降低 20%。砖的含水率过高，会使砌体的抗剪强度降低；而当砌体干燥时，会产生越大的收缩应力，导致砌体出现垂直裂缝。因此规定，水平裂缝的砂浆饱满度不得低于 80%；烧结普通砖、多孔砖的含水率宜为 10%～15%；蒸压灰砂普通砖，蒸压粉煤灰普通砖的含水率宜为 8%～12%。此外，砌体龄期、搭接方式、竖向灰缝饱满程度、试件尺寸等都对砌体的抗压强度有一定影响。

四、各类砌体的轴心抗压强度平均值

我国多年来对各类砌体的抗压强度进行了大量的试验研究，取得了非常丰富的试验数据。在对这些数据进行分析研究，并参考国外相关研究成果的基础上，提出了适合于各类砌体的轴心抗压强度平均值的计算公式

$$f_m = k_1 f_1^\alpha (1 + 0.07 f_2) k_2 \tag{2.1}$$

式中　　f_m——砌体轴心抗压强度平均值，MPa；

　　　　f_1——块体的强度等级值，MPa；

　　　　f_2——砂浆的抗压强度平均值，MPa；

α, k_1——不同类型砌体的块体形状、尺寸、砌筑方法等因素的影响系数；

k_2——砂浆强度不同对砌体抗压强度的影响系数。

各类砌体的 k_1、α、k_2 取值见表 2.1。

表 2.1 　　　　　　　　各类砌体的 k_1、α、k_2 系数

砌体种类	$f_m = k_1 f_1^{\alpha}(1+0.07f_2)k_2$		
	k_1	α	k_2
烧结普通砖、烧结多孔砖、蒸压灰砂普通砖、蒸压粉煤灰普通砖、混凝土普通砖、混凝土多孔砖	0.78	0.5	当 $f_2<1$ 时，$k_2=0.6+0.4f_2$
混凝土砌块、轻集料混凝土砌块	0.46	0.9	当 $f_2=0$ 时，$k_2=0.8$
毛料石	0.79	0.5	当 $f_2<1$ 时，$k_2=0.6+0.4f_2$
毛石	0.22	0.5	当 $f_2<2.5$ 时，$k_2=0.4+0.24f_2$

注　1. k_2 在表列条件以外时均等于 1；

　　2. 混凝土砌块砌体的轴心抗压强度平均值，当 $f_2>10$MPa 时，应乘系数 $1.1-0.01f_2$，MU20 的砌体应乘系数 0.95，且满足 $f_1 \geqslant f_2$，$f_1 \leqslant 20$MPa。

2.3.2　砌体的受拉、受弯和受剪性能

砌体通常用于受压构件，但在实际工程中有时也会遇到受拉、受弯和受剪的情况。例如圆形贮液池由于池内液体对池壁的压力，在垂直池壁截面内产生环向拉力。又如挡土墙在土侧向压力作用下处于受弯状态。再如砖过梁或拱的支座处，在水平推力的作用下支座截面的砌体受剪。

一、砌体轴心受拉时的性能

（一）砌体轴心受拉时的破坏形态

砌体在轴心拉力作用下，会发生以下三种破坏形式：

（1）当轴心拉力与砌体的水平裂缝平行时，砌体可能发生沿齿缝截面的破坏，如图 2.9（a）所示，此时砌体的抗拉强度主要取决于水平灰缝的切向粘结力。

（2）当轴心拉力与砌体的水平灰缝平行时，也可能沿块体和竖向灰缝截面破坏，如图 2.9（b）所示，此时砌体的抗拉强度取决于块体本身的抗拉强度。只有块体的强度很低时，才会发生这种形式的破坏。通常用限制块体最低强度的办法加以防止。

（3）当轴向拉力与砌体的水平灰缝垂直时，砌体发生沿水平通缝截面的破坏，如图 2.9（c）所示。发生这种破坏时，对抗拉承载力起决定作用的是块体和砂浆的法向粘结力，由于法向粘结力很小且无可靠保证，因此在实际工程中不允许采用沿通缝截面的受拉构件。

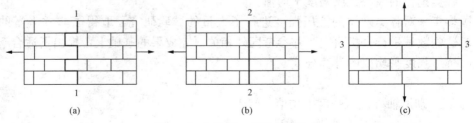

图 2.9　砌体轴心受拉破坏特征

（a）沿齿缝破坏；（b）沿块体和竖向灰缝破坏；（c）沿水平通缝截面破坏

（二）砌体轴心抗拉强度平均值

各类砌体轴心抗拉强度平均值应按下式计算

$$f_{t,m} = k_3 \sqrt{f_2} \tag{2.2}$$

式中　$f_{t,m}$——砌体轴心抗拉强度平均值，MPa；

k_3——与砌体种类有关的系数（取值见表 2.2）；

f_2——砂浆的抗压强度平均值，MPa。

表 2.2　　　　　　　　　各类砌体的 k_3、k_4、k_5 系数

砌体种类	$f_{t,m} = k_3 \sqrt{f_2}$	$f_{tm,m} = k_4 \sqrt{f_2}$		$f_{v,m} = k_5 \sqrt{f_2}$
	k_3	k_4		k_5
		沿齿缝	沿通缝	
烧结普通砖、烧结多孔砖、混凝土普通砖、混凝土多孔砖	0.141	0.250	0.125	0.125
蒸压灰砂普通砖、蒸压粉煤灰普通砖	0.09	0.18	0.09	0.09
混凝土砌块	0.069	0.081	0.056	0.069
毛料石	0.075	0.113	—	0.188

二、砌体的受弯性能

（一）砌体受弯破坏形态

砌体受弯破坏总是从截面受拉一侧开始，主要有以下三种破坏形态：

（1）沿齿缝破坏，如图 2.10（a）所示，墙壁的跨中截面直接承受压力的一侧弯曲受压，另一侧弯曲受拉，在受拉侧发生了沿齿缝截面的破坏。

（2）沿块体和竖向灰缝破坏。与轴心受拉构件相似，仅当块体强度过低时发生这种形式的破坏，如图 2.10（b）所示。

（3）沿水平灰缝发生弯曲受拉破坏，当弯矩作用使砌体水平通缝受拉时，砌体会在弯矩最大截面的水平灰缝处发生弯曲破坏，如图 2.10（c）所示。

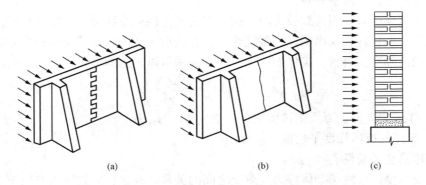

图 2.10　砌体弯曲受拉破坏形态

（a）沿齿缝破坏；（b）沿块体及竖缝破坏；（c）沿水平通缝破坏

（二）砌体弯曲抗拉强度平均值

砌体发生沿齿缝或沿通缝截面的弯曲破坏时，其弯曲抗拉强度平均值应按下式计算

$$f_{\text{tm,m}} = k_4 \sqrt{f_2} \tag{2.3}$$

式中　$f_{\text{tm,m}}$——砌体弯曲抗拉强度平均值，MPa；

　　　k_4——与砌体种类有关的系数（取值见表 2.2）；

　　　f_2——砂浆的抗压强度平均值，MPa。

三、砌体的受剪性能

（一）砌体受剪破坏形态

砌体在剪力作用下，可能发生沿水平灰缝破坏、沿齿缝破坏或沿阶梯形缝的破坏（图 2.11）。其中沿阶梯形缝的破坏是地震中墙体最常见的破坏形式。

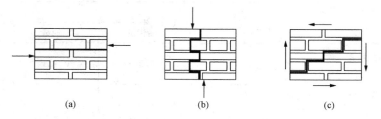

图 2.11　砌体受剪破坏形态

（a）沿水平灰缝破坏；（b）沿齿缝破坏；（c）沿阶梯形缝破坏

（二）砌体抗剪强度平均值

忽略竖向灰缝的抗剪作用，仅考虑水平灰缝的切向粘结力。砌体抗剪强度的平均值应按下式计算

$$f_{\text{v,m}} = k_5 \sqrt{f_2} \tag{2.4}$$

式中　$f_{\text{v,m}}$——砌体抗剪强度平均值，MPa；

　　　k_5——与砌体种类有关的系数（取值见表 2.2）；

　　　f_2——砂浆的抗压强度平均值，MPa。

2.3.3　砌体的变形性能

一、砌体的应力—应变关系

砌体是弹塑性材料，当荷载较小时，应力与应变近似呈直线关系，随着荷载的增加，变形增长速度逐渐加快，表现出明显的塑性性质。在接近破坏时，荷载增加很少，而变形急剧增长。根据国内外有关资料，砌体的应力—应变关系可以表达为

$$\varepsilon = -\frac{1}{\xi} \ln\left(1 - \frac{\sigma}{f_{\text{m}}}\right) \tag{2.5}$$

式中　ξ——弹性特征值，可根据试验或由式 $\xi = 460\sqrt{f_{\text{m}}}$ 确定；

　　　f_{m}——砌体的抗压强度平均值，MPa。

二、砌体的变形模量

砌体的变形模量反映了砌体应力与应变之间的关系，其表达方式通常有以下三种。

（一）切线模量

砌体应力—应变曲线上任一点切线（图 2.12）与横坐标夹角 α 的正切，称为该点的切线模量。由式（2.5）可得

$$E_{\text{t}} = \frac{\mathrm{d}\sigma}{\mathrm{d}\varepsilon} = \xi f_{\text{m}}\left(1 - \frac{\sigma}{f_{\text{m}}}\right) \tag{2.6}$$

（二）初始弹性模量

砌体应力—应变曲线在原点切线的斜率，称为初始弹性模量。以 $\frac{\sigma}{f_{\mathrm{m}}}=0$ 代入式（2.6）可得

$$E_0 = \xi f_{\mathrm{m}} \tag{2.7}$$

（三）割线模量

割线模量是指应力—应变曲线上某点（图 2.12 中 A 点）与坐标原点所连割线的斜率，即

$$E_{\mathrm{b}} = \frac{\sigma_{\mathrm{A}}}{\varepsilon_{\mathrm{A}}} = \tan\alpha_1 \tag{2.8}$$

工程应用时一般取 $\sigma=0.43f_{\mathrm{m}}$ 时的割线模量作为砌体的弹性模量 E（石砌体除外），即

$$E = \frac{\sigma_{0.43}}{\varepsilon_{0.43}} = \frac{0.43f_{\mathrm{m}}}{-\dfrac{1}{\xi}\ln 0.57}$$

$$= 0.765\xi f_{\mathrm{m}} \approx 0.8\xi f_{\mathrm{m}} \tag{2.9}$$

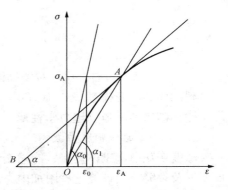

图 2.12　砌体受压时的变形模量

上式可简写为

$$E \approx 0.8E_0$$

对于砖砌体，ξ 值可取 $460\sqrt{f_{\mathrm{m}}}$，则

$$E \approx 370f_{\mathrm{m}}\sqrt{f_{\mathrm{m}}} \tag{2.10}$$

为便于应用，《砌体结构设计规范》（GB 50003）（以下简称《规范》）采用了更为简化的形式，按不同强度等级砂浆，取砌体的弹性模量与砌体的抗压强度设计值 f 成正比。对于石砌体，由于石材抗压强度和弹性模量均远高于砂浆的抗压强度和弹性模量，砌体受压变形主要由灰缝内砂浆的变形所引起，因此石砌体的弹性模量可仅按砂浆强度等级确定。各类砌体的弹性模量见表 2.3。

表 2.3	砌 体 的 弹 性 模 量			MPa
砌 体 种 类	砂 浆 强 度 等 级			
	$\geqslant$M10	M7.5	M5	M2.5
烧结普通砖、烧结多孔砖砌体	1600f	1600f	1600f	1390f
混凝土普通砖、混凝土多孔砖砌体	1600f	1600f	1600f	—
蒸压灰砂普通砖、蒸压粉煤灰普通砖砌体	1060f	1060f	1060f	—
非灌孔混凝土砌块砌体	1700f	1600f	1500f	—
粗料石、毛料石、毛石砌体	—	5650	4000	2250
细料石砌体	—	17 000	12 000	6750

注　1. 对轻集料混凝土砌块砌体的弹性模量可按表中混凝土砌块砌体的弹性模量采用；

　　2. 表中砌体抗压强度设计值不需进行调整；

　　3. 表中砂浆为普通砂浆，采用专用砂浆砌筑的砌体的弹性模量也按此表取值；

　　4. 对混凝土普通砖、混凝土多孔砖、混凝土和轻集料混凝土砌块砌体，表中的砂浆强度等级分别为：$\geqslant$Mb10、Mb7.5 及 Mb5；

　　5. 对蒸压灰砂普通砖和蒸压粉煤灰普通砖砌体，当采用专用砂浆砌筑时，其强度设计值按表中数值采用。

单排孔且对孔砌筑的混凝土砌块灌孔砌体的弹性模量应按下式计算

$$E = 2000f_{\text{g}} \tag{2.11}$$

式中　f_{g}——灌孔砌体的抗压强度设计值。

三、砌体的剪变模量

砌体的剪变模量与砌体的弹性模量及泊松比有关，根据材料力学公式

$$G = \frac{E}{2(1+\nu)} \tag{2.12}$$

式中　G——砌体的剪变模量；

　　　E——砌体的弹性模量；

　　　ν——砌体的泊松比，对砖砌体，ν 取 0.15；对砌块砌体，ν 取 0.3。

则砌体的剪变模量 $G = (0.38 \sim 0.43)E$，《规范》按 $G=0.4E$ 采用。

四、砌体的其他物理力学性能

（一）砌体的线膨胀系数

温度变化引起砌体热胀、冷缩变形。当这种变形受到约束时，砌体会产生附加内力、附加变形及裂缝。当计算这种附加内力及变形裂缝时，砌体的线膨胀系数是重要的参数。《规范》规定的各类砌体的线膨胀系数 α_{T} 见表 2.4。

表 2.4　　　　　　　　　　　砌体的线膨胀系数和收缩率

砌体类别	线膨胀系数（$10^{-6}/℃$）	收缩率（mm/m）
烧结普通砖、烧结多孔砖砌体	5	−0.1
蒸压灰砂普通砖、蒸压粉煤灰普通砖砌体	8	−0.2
混凝土普通砖、混凝土多孔砖、混凝土砌块砌体	10	−0.2
轻集料混凝土砌块砌体	10	−0.3
料石和毛石砌体	8	—

（二）砌体的收缩率

砌体材料当含水量降低时，会产生较大的干缩变形，当这种变形受到约束时，砌体中会出现干燥收缩裂缝，这种裂缝有时是相当严重的，在设计、施工以及使用过程中，均不可忽视砌体干燥收缩造成的危害。《规范》规定的各类砌体的收缩率见表 2.4。应当指出，表中的收缩率是由达到收缩允许标准的块体砌筑 28d 的砌体收缩率，当地方有可靠的砌体收缩试验数据时，亦可采用当地的试验数据。

表 2.5　　　摩　擦　系　数

材料类别	摩擦面情况	
	干燥的	潮湿的
砌体沿砌体或混凝土滑动	0.70	0.60
砌体沿木材滑动	0.60	0.50
砌体沿钢滑动	0.45	0.35
砌体沿砂或卵石滑动	0.60	0.50
砌体沿粉土滑动	0.55	0.40
砌体沿黏性土滑动	0.50	0.30

（三）砌体的摩擦系数

当砌体结构或构件沿某种材料发生滑移时，由于法向压力的存在，在滑移面将产生摩擦阻力。摩擦阻力的大小与法向压力及摩擦系数有关。摩擦系数的大小与摩擦面的材料及摩擦面的干湿状态有关。《规范》规定的砌体摩擦系数见表 2.5。

2.4　砌体结构的设计方法

一、砌体结构设计表达式

我国《规范》采用以概率理论为基础的极限状态设计方法，以可靠指标度量结构构件的可靠度，采用分项系数的设计表达式进行计算。

砌体结构应按承载能力极限状态设计，并满足正常使用极限状态的要求。一般情况下，砌体结构正常使用极限状态的要求，可由相应的构造措施保证。砌体结构按承载能力极限状态的设计表达式为：

（1）可变荷载多于一个时，应按下列公式中最不利组合进行计算

$$\gamma_0 \left(1.2 S_{Gk} + 1.4 \gamma_L S_{Q1k} + \gamma_L \sum_{i=2}^{n} \gamma_{Qi} \psi_{ci} S_{Qik} \right) \leqslant R(f, a_k \cdots) \tag{2.13a}$$

$$\gamma_0 \left(1.35 S_{Gk} + 1.4 \gamma_L \sum_{i=1}^{n} \psi_{ci} S_{Qik} \right) \leqslant R(f, a_k \cdots) \tag{2.13b}$$

（2）仅有一个可变荷载时，则按下列公式中最不利组合进行计算

$$\gamma_0 \left(1.2 S_{Gk} + 1.4 \gamma_L S_{Qk} \right) \leqslant R(f, a_k \cdots) \tag{2.14a}$$

$$\gamma_0 \left(1.35 S_{Gk} + 1.0 \gamma_L S_{Qk} \right) \leqslant R(f, a_k \cdots) \tag{2.14b}$$

式中　γ_0——结构重要性系数。对安全等级为一级或设计使用年限为 50 年以上的结构构件，不应小于 1.1；对安全等级为二级或设计使用年限为 50 年的结构构件，不应小于 1.0；对安全等级为三级或设计使用年限为 1~5 年的结构构件，不应小于 0.9。

γ_L——结构构件的抗力模型不确定性系数。对静力设计，考虑结构设计使用年限的荷载调整系数，设计使用年限为 50 年，取 1.0；设计使用年限为 100 年，取 1.1。

S_{Gk}——永久荷载标准值的效应。

S_{Q1k}——在基本组合中起控制作用的一个可变荷载标准值的效应。

S_{Qik}——第 i 个可变荷载标准值的效应。

$R(\cdot)$——结构构件的抗力函数。

γ_{Qi}——第 i 个可变荷载的分项系数。

ψ_{ci}——第 i 个可变荷载的组合值系数。一般情况下应取 0.7；对书库、档案库、储藏室或通风机房、电梯机房应取 0.9。

f——砌体的强度设计值。

a_k——几何参数标准值。

式（2.13b）和式（2.14b）对于以自重为主的砌体结构的设计将起控制作用。经分析表明，以上两种荷载效应组合的设计表达式，其界限荷载效应 ρ 值为 0.376，其中 ρ 为可变荷载效应与永久荷载效应之比。即当 $\rho \leqslant 0.376$ 时，结构设计一般由式（2.13b）、式（2.14b）控制；当 $\rho > 0.376$ 时，结构设计一般由式（2.13a）、式（2.14a）控制。

（3）当砌体结构作为一个刚体，需验算整体稳定性时，如倾覆、滑移、漂浮等，应按下列公式中最不利组合进行验算

$$\gamma_0 \left(1.2 S_{G2k} + 1.4 \gamma_L S_{Q1k} + \gamma_L \sum_{i=2}^{n} S_{Qik} \right) \leqslant 0.8 S_{G1k} \tag{2.15a}$$

$$\gamma_0 \left(1.35 S_{G2k} + 1.4 \gamma_L \sum_{i=1}^{n} \psi_{Ci} S_{Qik}\right) \leqslant 0.8 S_{G1k} \tag{2.15b}$$

式中　S_{Q1k}——起有利作用的永久荷载标准值的效应；

　　　S_{G2k}——起不利作用的永久荷载标准值的效应。

二、砌体强度标准值和设计值

（一）砌体强度标准值

砌体强度标准值 f_k 是取强度概率密度分布函数的 0.05 分位值，即

$$f_k = f_m(1 - 1.645\delta_f) \tag{2.16}$$

式中　δ_f——砌体强度的变异系数。

对于除毛石砌体外的各类砌体的抗压强度，δ_f 可取 0.17，则

$$f_k = f_m(1 - 1.645 \times 0.17) = 0.72 f_m$$

对于轴心抗拉强度、弯曲抗拉强度和抗剪强度，δ_f 可取 0.2（毛石砌体 δ_f 为 0.26），将各种强度均值及相应的变异系数代入式（2.16）即可得到各类砌体强度的标准值。

（二）砌体抗压强度设计值

砌体抗压强度设计值 f 是砌体强度标准值 f_k 除以材料性能分项系数 γ_f，即

$$f = \frac{f_k}{\gamma_f} \tag{2.17}$$

式中，砌体结构的材料性能分项系数 γ_f 在一般情况下，宜按施工质量控制等级为 B 级考虑，取 $\gamma_f = 1.6$；当为 C 级时，取 $\gamma_f = 1.8$；当为 A 级时，取 $\gamma_f = 1.5$。如果取 $\gamma_f = 1.6$，则

$$f = 0.45 f_m \tag{2.18}$$

龄期为 28d 的以毛截面计算的砌体抗压强度设计值，当施工质量控制等级为 B 级时，应根据块体和砂浆的强度等级按表 2.6～表 2.12 采用。

表 2.6　　　　　烧结普通砖和烧结多孔砖砌体的抗压强度设计值　　　　　MPa

砖强度等级	砂浆强度等级					砂浆强度
	M15	M10	M7.5	M5	M2.5	0
MU30	3.94	3.27	2.93	2.59	2.26	1.15
MU25	3.60	2.98	2.68	2.37	2.06	1.05
MU20	3.22	2.67	2.39	2.12	1.84	0.94
MU15	2.79	2.31	2.07	1.83	1.60	0.82
MU10	—	1.89	1.69	1.50	1.30	0.67

注　当烧结多孔砖的孔洞率大于 30% 时，表中数值应乘以 0.9。

表 2.7　　　　　混凝土普通砖和混凝土多孔砖砌体的抗压强度设计值　　　　　MPa

砖强度等级	砂浆强度等级					砂浆强度
	Mb20	Mb15	Mb10	Mb7.5	Mb5	0
MU30	4.61	3.94	3.27	2.93	2.59	1.15
MU25	4.21	3.60	2.98	2.68	2.37	1.05
MU20	3.77	3.22	2.67	2.39	2.12	0.94
MU15	—	2.79	2.31	2.07	1.83	0.82

表 2.8　　　蒸压灰砂普通砖和蒸压粉煤灰普通砖砌体的抗压强度设计值　　　MPa

砖强度等级	砂浆强度等级				砂浆强度
	M15	M10	M7.5	M5	0
MU25	3.60	2.98	2.68	2.37	1.05
MU20	3.22	2.67	2.39	2.12	0.94
MU15	2.79	2.31	2.07	1.83	0.82

注　当采用专用砂浆砌筑时，其抗压强度设计值按表中数值采用。

表 2.9　　　单排孔混凝土砌块和轻集料混凝土砌块对孔砌筑砌体的抗压强度设计值　　　MPa

砌块强度等级	砂浆强度等级					砂浆强度
	Mb20	Mb15	Mb10	Mb7.5	Mb5	0
MU20	6.30	5.68	4.95	4.44	3.94	2.33
MU15	—	4.61	4.02	3.61	3.20	1.89
MU10	—	—	2.79	2.50	2.22	1.31
MU7.5	—	—	—	1.93	1.71	1.01
MU5	—	—	—	—	1.19	0.70

注　1. 对独立柱或厚度为双排组砌的砌块砌体，应按表中数值乘以 0.7；
　　2. 对 T 形截面墙体、柱，应按表中数值乘以 0.85。

表 2.10　　　双排孔或多排孔轻集料混凝土砌块砌体的抗压强度设计值　　　MPa

砌块强度等级	砂浆强度等级			砂浆强度
	Mb10	Mb7.5	Mb5	0
MU10	3.08	2.76	2.45	1.44
MU7.5	—	2.13	1.88	1.12
MU5	—	—	1.31	0.78
MU3.5	—	—	0.95	0.56

注　1. 表中的砌块为火山渣、浮石和陶粒轻集料混凝土砌块，其孔洞率不大于 35%；
　　2. 对厚度方向为双排组砌的轻集料混凝土砌块砌体的抗压强度设计值，应按表中数值乘以 0.8。

表 2.11　　　块体高度为 180～350mm 的毛料石砌体的抗压强度设计值　　　MPa

毛料石强度等级	砂浆强度等级			砂浆强度
	M7.5	M5	M2.5	0
MU100	5.42	4.80	4.18	2.13
MU80	4.85	4.29	3.73	1.91
MU60	4.20	3.71	3.23	1.65
MU50	3.83	3.39	2.95	1.51
MU40	3.43	3.04	2.64	1.35
MU30	2.97	2.63	2.29	1.17
MU20	2.42	2.15	1.87	0.95

注　对细料石砌体、粗料石砌体和干砌勾缝石砌体，表中数值应分别乘以调整系数 1.4、1.2 和 0.8。

表 2.12　　　　　　　　　　　毛石砌体的抗压强度设计值　　　　　　　　　　　MPa

毛石强度等级	砂浆强度等级			砂浆强度
	M7.5	M5	M2.5	0
MU100	1.27	1.12	0.98	0.34
MU80	1.13	1.00	0.87	0.30
MU60	0.98	0.87	0.76	0.26
MU50	0.90	0.80	0.69	0.23
MU40	0.80	0.71	0.62	0.21
MU30	0.69	0.61	0.53	0.18
MU20	0.56	0.51	0.44	0.15

（三）砌体的轴心抗拉、弯曲抗拉和抗剪强度设计值

龄期为 28d 的以毛截面计算的各类砌体的轴心抗拉强度设计值、弯曲抗拉强度设计值和抗剪强度设计值，当施工质量控制等级为 B 级时，按表 2.13 采用。

表 2.13　　　　　　沿砌体灰缝截面破坏时砌体的轴心抗拉强度设计值、
弯曲抗拉强度设计值和抗剪强度设计值　　　　　　MPa

强度类别	破坏特征及砌体种类		砂浆强度等级			
			≥M10	M7.5	M5	M2.5
轴心抗拉	沿齿缝	烧结普通砖、烧结多孔砖	0.19	0.16	0.13	0.09
		混凝土普通砖、混凝土多孔砖	0.19	0.16	0.13	—
		蒸压灰砂普通砖、蒸压粉煤灰普通砖	0.12	0.10	0.08	—
		混凝土和轻集料混凝土砌块	0.09	0.08	0.07	—
		毛石	—	0.07	0.06	0.04
弯曲抗拉	沿齿缝	烧结普通砖、烧结多孔砖	0.33	0.29	0.23	0.17
		混凝土普通砖、混凝土多孔砖	0.33	0.29	0.23	—
		蒸压灰砂普通砖、蒸压粉煤灰普通砖	0.24	0.20	0.16	—
		混凝土和轻集料混凝土砌块	0.11	0.09	0.08	—
		毛石	—	0.11	0.09	0.07
	沿通缝	烧结普通砖、烧结多孔砖	0.17	0.14	0.11	0.08
		混凝土普通砖、混凝土多孔砖	0.17	0.14	0.11	—
		蒸压灰砂普通砖、蒸压粉煤灰普通砖	0.12	0.10	0.08	—
		混凝土和轻集料混凝土砌块	0.08	0.06	0.05	—
抗剪		烧结普通砖、烧结多孔砖	0.17	0.14	0.11	0.08
		混凝土普通砖、混凝土多孔砖	0.17	0.14	0.11	—
		蒸压灰砂普通砖、蒸压粉煤灰普通砖	0.12	0.10	0.08	—
		混凝土和轻集料混凝土砌块	0.09	0.08	0.06	—
		毛石	—	0.19	0.16	0.11

注　1. 对于用形状规则的块体砌筑的砌体，当搭接长度与块体高度的比值小于 1 时，其轴心抗拉强度设计值 f_t 和弯曲抗拉强度设计值 f_{tm} 应按表中数值乘以搭接长度与块体高度比值后采用；

　　2. 表中数值是依据普通砂浆砌筑的砌体确定，采用经研究性试验且通过技术鉴定的专用砂浆砌筑的蒸压灰砂普通砖、蒸压粉煤灰普通砖砌体，其抗剪强度设计值按相应普通砂浆强度等级砌筑的烧结普通砖砌体采用；

　　3. 对混凝土普通砖、混凝土多孔砖、混凝土和轻集料混凝土砌块砌体，表中的砂浆强度等级分别为：≥Mb10、Mb7.5 和 Mb5。

（四）灌孔混凝土砌块砌体的抗压强度和抗剪强度设计值

单排孔混凝土砌块对孔砌筑时，灌孔混凝土砌块砌体的抗压强度设计值 f_g 应按下列公式计算

$$f_g = f + 0.6\alpha f_c \tag{2.19a}$$

$$\alpha = \delta\rho \tag{2.19b}$$

式中　f_g——灌孔混凝土砌块砌体的抗压强度设计值，该值不应大于未灌孔砌体抗压强度设计值的 2 倍；

　　　f——未灌孔混凝土砌块砌体的抗压强度设计值，应按表 2.9 采用；

　　　f_c——灌孔混凝土的轴心抗压强度设计值；

　　　α——混凝土砌块砌体中灌孔混凝土面积和砌体毛面积的比值；

　　　δ——混凝土砌块的孔洞率；

　　　ρ——混凝土砌块砌体的灌孔率，系截面灌孔混凝土面积与截面孔洞面积的比值，灌孔率应根据受力或施工条件确定，且不应小于 33%。

同时规定混凝土砌块砌体的灌孔混凝土强度等级不应低于 Cb20，且不应低于 1.5 倍的块体强度等级。灌孔混凝土强度指标取同强度等级的混凝土强度指标。

单排孔混凝土砌块对孔砌筑时，灌孔混凝土砌块砌体的抗剪强度设计值 f_{vg} 应按下式计算

$$f_{vg} = 0.2f_g^{0.55} \tag{2.20}$$

式中　f_g——灌孔混凝土砌块砌体的抗压强度设计值，MPa。

（五）砌体强度设计值的调整

下列情况的各类砌体，其砌体强度设计值应乘以调整系数 γ_a。

（1）对无筋砌体构件，其截面面积小于 0.3m² 时，γ_a 为其截面面积加 0.7；对配筋砌体构件，当其中砌体截面面积小于 0.2m² 时，γ_a 为其截面面积加 0.8；构件截面面积以"m²"计。

（2）当砌体用强度等级小于 M5.0 的水泥砂浆砌筑时，对抗压强度设计值，γ_a 为 0.9；对轴心抗拉强度设计值、弯曲抗拉强度设计值、抗剪强度设计值，γ_a 为 0.8。

（3）当验算施工中房屋的构件时，γ_a 为 1.1。

施工阶段砂浆尚未硬化的新砌砌体的强度和稳定性，可按砂浆强度为零进行验算。对于冬期施工采用掺盐砂浆法施工的砌体，砂浆强度等级按常温施工的强度等级提高一级时，砌体强度和稳定性可不验算。配筋砌体不得用掺盐砂浆施工。

本 章 小 结

（1）常用的块体有烧结普通砖、烧结多孔砖、非烧结硅酸盐砖、混凝土砖、混凝土砌块和石材。砂浆按其组成成分的不同可以分为普通砂浆和专用砂浆。应根据结构构件的不同受力情况及使用条件合理选择块体和砂浆类型及其强度等级。

（2）砌体按其配筋与否分为无筋砌体和配筋砌体两大类。无筋砌体又分为各种砖砌体、混凝土小型砌块砌体及石砌体。配筋砌体可分为配筋砖砌体和配筋砌块砌体。配筋砖砌体又分为横向配筋砌体和组合砖砌体。

（3）砌体主要用于受压构件，因此轴心抗压强度是砌体最重要的力学性能指标。砌体轴心受压破坏的全过程可分为单个块体开裂、裂缝贯穿若干块体以及砌体局部压碎或形成的独立小柱失稳破坏等三个主要阶段。

（4）影响砌体抗压强度的因素很多，其中主要有块体的强度及外形尺寸、砂浆的强度和变形性能、砂浆的流动性、保水性和施工质量等。

（5）砌体受压时的抗压强度均小于块体均匀受压时的抗压强度，这主要是由于砌体中单个块体处于压、弯、剪等不利的复合受力状态，块体与砂浆之间的作用使块体承受水平拉应力，以及水平灰缝处产生的应力集中所造成的。

（6）砌体抗压强度的平均值主要与块体和砂浆抗压强度平均值的大小有关。砌体的轴心抗拉、弯曲抗拉和抗剪强度平均值主要与块体与砂浆之间的切向粘结力有关，而切向粘结力的大小主要取决于砂浆的抗压强度平均值。

（7）砌体的变形模量是反映砌体力学性能的重要物理量，可分为切线模量、初始弹性模量和割线模量。在工程中，一般取砌体应力为 $0.43f_m$ 时的割线模量作为砌体的弹性模量（石砌体除外）。此外，剪变模量、线膨胀系数、收缩率和摩擦系数等都是砌体重要的性能参数。

（8）我国目前采用以概率理论为基础的极限状态设计方法，规定砌体结构应按承载能力极限状态设计，并满足正常使用极限状态的要求。一般情况下，砌体结构正常使用极限状态的要求，可由相应的构造措施保证。

（9）砌体结构采用分项系数的设计表达式进行计算。砌体的强度设计值为砌体强度的标准值除以材料性能分项系数。

思　考　题

2.1　块体和砂浆各有哪些分类？其强度等级是如何确定的？

2.2　工程中在选择块体和砂浆时，应考虑哪些因素？

2.3　轴心受压砌体的受力可分为哪几个阶段？其破坏特征是什么？

2.4　影响砌体抗压强度的主要因素有哪些？

2.5　为什么砌体的抗压强度一般远小于块体的抗压强度？

2.6　砌体轴心受拉、弯曲受拉和受剪时各有哪几种破坏形态？影响其破坏形态的主要因素是什么？

2.7　砌体的弹性模量是如何确定的？它主要与哪些因素有关？

2.8　采用分项系数的砌体结构按承载能力极限状态设计的表达式是什么？

2.9　砌体强度的标准值和设计值是如何确定的？

第3章 无筋砌体构件承载力的计算

3.1 受 压 构 件

无筋砌体的抗拉、抗弯和抗剪强度远低于其抗压强度，所以在工程应用中主要用作受压构件。无筋砌体受压构件的承载力主要取决于构件的截面面积、砌体的抗压强度、轴向压力的偏心距及构件的高厚比。砌体墙、柱的高厚比是砌体墙、柱的计算高度 H_0 与规定厚度 h 的比值，用 β 表示，即 $\beta = \dfrac{H_0}{h}$。规定厚度对墙取墙厚，对柱取对应的边长，对带壁柱墙取截面的折算厚度。当砌体构件的 $\beta \leqslant 3$ 时称为短柱，$\beta > 3$ 时称为长柱。

3.1.1 受压短柱的承载力分析

对图 3.1 所示的承受轴向压力 N 的砌体受压短柱构件，随着 N 的偏心距的增大，构件截面受力特征逐渐变化。当轴向压力 N 作用在截面重心时，构件截面的应力是均匀分布的［图 3.1（a）］，破坏时截面所能承受的最大压应力即为砌体的轴心抗压强度；当轴向压力偏心距 e 较小时，截面的压应力为不均匀分布，破坏将从压应力较大一侧开始，由于砌体的弹塑性性能，该侧的压应变和应力均比轴心受压时略有增加［图 3.1（b）］；当偏心距增大后，远离轴向压力一侧的截面逐渐出现拉应力［图 3.1（c）］；一旦拉应力超过砌体沿通缝的弯曲抗拉强度，将出现水平裂缝，且随着荷载的增大，水平裂缝向压力偏心方向延伸发展，实际受压截面也将减小［图 3.1（d）］，最后导致该侧块体被压碎，构件破坏。

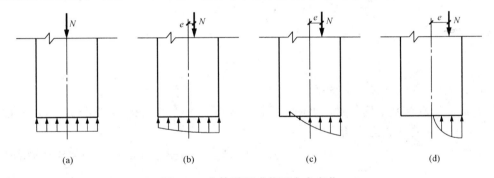

图 3.1 砌体受压时截面应力变化

我国对矩形、T 形、十字形和环形截面偏心受压短柱做过大量的试验，对比不同偏心受压构件短柱试验发现，随着偏心距的增大，构件的极限承载力较轴心受压构件明显下降。试验表明偏心受压短柱的承载力 N_u^s 可用下式表示

$$N_u^s = \varphi_1 f A \tag{3.1}$$

式中 φ_1——偏心距影响系数，指偏心受压短柱承载力与轴心受压短柱承载力（fA）的比值；

f——砌体抗压强度设计值；

A——构件截面面积。

图 3.2 给出了偏心距影响系数 φ_1 与偏心率 $\frac{e}{i}$ 之间关系的试验点和《规范》规定的关系曲线。偏心距影响系数 φ_1 与偏心率 $\frac{e}{i}$ 的关系式为

$$\varphi_1 = \frac{1}{1 + \left(\frac{e}{i}\right)^2} \tag{3.2}$$

式中　e——轴向压力偏心距；

　　　　i——截面的回转半径，$i = \sqrt{\dfrac{I}{A}}$，I 为截面沿偏心方向的惯性矩，A 为截面面积。

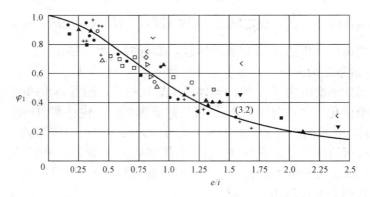

图 3.2　偏心距影响系数 φ_1 与偏心率 $\frac{e}{i}$ 的关系图

对于矩形截面，$i = \dfrac{h}{\sqrt{12}}$，则矩形截面的 φ_1 可写成

$$\varphi_1 = \frac{1}{1 + 12\left(\frac{e}{h}\right)^2} \tag{3.3}$$

式中　h——矩形截面在偏心方向的边长。

当截面为 T 形或其他形状时，可用截面折算厚度 $h_T \approx 3.5i$ 代替 h，仍按式（3.3）计算。

3.1.2　受压长柱的承载力分析

随着砌体柱高厚比的增大，纵向弯曲的影响已不可忽略，导致长柱的受压承载力比短柱要低。

《规范》采用了附加偏心距法来考虑纵向弯曲对长柱承载力的影响，即在偏心受压短柱的偏心距影响系数中将偏心距增加一项由纵向弯曲产生的附加偏心距 e_i（图 3.3），即

$$\varphi = \frac{1}{1 + \left(\frac{e + e_i}{i}\right)^2} \tag{3.4}$$

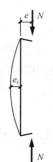

图 3.3　偏心受压构件的
　　　　　附加偏心距

附加偏心距 e_i 可以根据边界条件来确定，即 $e = 0$ 时 $\varphi = \varphi_0$，φ_0 为轴心受压长柱的纵向弯曲系数，则

$$\varphi_0 = \frac{1}{1 + \left(\frac{e_i}{i}\right)^2}$$

得到

$$e_i = i\sqrt{\frac{1}{\varphi_0} - 1} \tag{3.5}$$

轴心受压长柱的纵向弯曲系数 φ_0 可按下式计算

$$\varphi_0 = \frac{1}{1 + \alpha\beta^2} \tag{3.6}$$

式中　α——与砂浆强度等级有关的系数，当砂浆强度等级大于或等于 M5 时，$\alpha=0.0015$；当砂浆强度等级为 M2.5 时，$\alpha=0.002$；当砂浆强度为零时，$\alpha=0.009$。

对于矩形截面，有 $i = \dfrac{h}{\sqrt{12}}$ 代入式（3.4）得

$$\varphi = \frac{1}{1 + 12\left[\dfrac{e}{h} + \sqrt{\dfrac{1}{12}\left(\dfrac{1}{\varphi_0} - 1\right)}\right]^2} \tag{3.7}$$

再将式（3.6）代入式（3.7），可得 φ 的另一种表达形式为

$$\varphi = \frac{1}{1 + 12\left(\dfrac{e}{h} + \beta\sqrt{\dfrac{\alpha}{12}}\right)^2} \tag{3.8}$$

式（3.7）和式（3.8）也适用于 T 形截面，只需以折算厚度 h_T 代替 h。

这样，受压长柱的承载力 N_u^l 可表达为

$$N_u^l = \varphi f A \tag{3.9}$$

式中　φ——高厚比 β 和轴向力的偏心距 e 对受压构件承载力的影响系数。

3.1.3　无筋砌体受压构件承载力的计算

在上述分析的基础上，对无筋砌体受压构件，无论是短柱还是长柱，也不论是轴心受压或偏心受压，《规范》规定受压构件的承载力应符合下式的要求

$$N \leqslant \varphi f A \tag{3.10}$$

式中　N——轴向力设计值；

　　　　φ——高厚比 β 和轴向力的偏心距 e 对受压构件承载力的影响系数，可按式（3.8）计算，也可按表 3.1～表 3.3 查用；

　　　　f——砌体抗压强度设计值，按表 2.6～表 2.12 采用；

　　　　A——截面面积，对各类砌体均应按毛截面计算。

为了反映不同类型砌体受压性能的差异，《规范》规定计算影响系数 φ 或查 φ 表时，构件高厚比 β 应按下列公式确定

对矩形截面

$$\beta = \gamma_\beta \frac{H_0}{h} \tag{3.11}$$

对 T 形截面

$$\beta = \gamma_\beta \frac{H_0}{h_T} \tag{3.12}$$

式中　γ_β——不同砌体材料构件的高厚比修正系数，烧结普通砖、烧结多孔砖砌体，γ_β 取

1.0；混凝土普通砖、混凝土多孔砖、混凝土及轻集料混凝土砌块砌体，γ_β 取 1.1；蒸压灰砂普通砖、蒸压粉煤灰普通砖、细料石砌体，γ_β 取 1.2；粗料石、毛石砌体，γ_β 取 1.5；对灌孔混凝土砌块砌体，γ_β 取 1.0。

H_0——受压构件的计算高度，按表5.6确定。

h——矩形截面轴向力偏心方向的边长，当轴心受压时为截面较小边长。

h_T——T形截面的折算厚度，可近似按 $3.5i$ 计算，其中 i 为截面回转半径。

对矩形截面构件，当轴向力偏心方向的截面边长大于另一方向的边长时，除按偏心受压计算外，还应对较小边长方向，按轴心受压进行验算。

偏心受压构件的偏心距过大，构件的承载力明显下降，既不经济又不合理。另外，偏心距过大，可使截面受拉边出现过大水平裂缝，给人以不安全感。因此，《规范》规定，按内力设计值计算的轴向力的偏心距 e 不应超过 $0.6y$，y 为截面重心到轴向力所在偏心方向截面边缘的距离。当轴向力的偏心距超过上述规定时，可采取修改构件截面尺寸的方法；当梁或屋架端部支承反力的偏心距较大时，可在其端部下的砌体上设置有中心装置的垫块或缺口垫块（图3.4），中心装置的位置或缺口垫块的缺口尺寸，可视需要减小的偏心距而定。

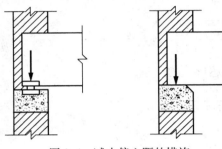

图 3.4　减小偏心距的措施

表 3.1　　　　　　　　　影响系数 φ（砂浆强度等级≥M5）

β	$\dfrac{e}{h}$ 或 $\dfrac{e}{h_\mathrm{T}}$												
	0	0.025	0.05	0.075	0.1	0.125	0.15	0.175	0.2	0.225	0.25	0.275	0.3
≤3	1	0.99	0.97	0.94	0.89	0.84	0.79	0.73	0.68	0.62	0.57	0.52	0.48
4	0.98	0.95	0.90	0.85	0.80	0.74	0.69	0.64	0.58	0.53	0.49	0.45	0.41
6	0.95	0.91	0.86	0.81	0.75	0.69	0.64	0.59	0.54	0.49	0.45	0.42	0.38
8	0.91	0.86	0.81	0.76	0.70	0.64	0.59	0.54	0.50	0.46	0.42	0.39	0.36
10	0.87	0.82	0.76	0.71	0.65	0.60	0.55	0.50	0.46	0.42	0.39	0.36	0.33
12	0.82	0.77	0.71	0.66	0.60	0.55	0.51	0.47	0.43	0.39	0.36	0.33	0.31
14	0.77	0.72	0.66	0.61	0.56	0.51	0.47	0.43	0.40	0.36	0.34	0.31	0.29
16	0.72	0.67	0.61	0.56	0.52	0.47	0.44	0.40	0.37	0.34	0.31	0.29	0.27
18	0.67	0.62	0.57	0.52	0.48	0.44	0.40	0.37	0.34	0.31	0.29	0.27	0.25
20	0.62	0.57	0.53	0.48	0.44	0.40	0.37	0.34	0.32	0.29	0.27	0.25	0.23
22	0.58	0.53	0.49	0.45	0.41	0.38	0.35	0.32	0.30	0.27	0.25	0.24	0.22
24	0.54	0.49	0.45	0.41	0.38	0.35	0.32	0.30	0.28	0.26	0.24	0.22	0.21
26	0.50	0.46	0.42	0.38	0.35	0.33	0.30	0.28	0.26	0.24	0.22	0.21	0.19
28	0.46	0.42	0.39	0.36	0.33	0.30	0.28	0.26	0.24	0.22	0.21	0.19	0.18
30	0.42	0.39	0.36	0.33	0.31	0.28	0.26	0.24	0.22	0.21	0.20	0.18	0.17

表 3.2　　　　　　　　　　　　　影响系数 φ（砂浆强度等级 M2.5）

β	$\frac{e}{h}$ 或 $\frac{e}{h_T}$												
	0	0.025	0.05	0.075	0.1	0.125	0.15	0.175	0.2	0.225	0.25	0.275	0.3
≤3	1	0.99	0.97	0.94	0.89	0.84	0.79	0.73	0.68	0.62	0.57	0.52	0.48
4	0.97	0.94	0.89	0.84	0.78	0.73	0.67	0.62	0.57	0.52	0.48	0.44	0.40
6	0.93	0.89	0.84	0.78	0.73	0.67	0.62	0.57	0.52	0.48	0.44	0.40	0.37
8	0.89	0.84	0.78	0.72	0.67	0.62	0.57	0.52	0.48	0.44	0.40	0.37	0.34
10	0.83	0.78	0.72	0.67	0.61	0.56	0.52	0.47	0.43	0.40	0.37	0.34	0.31
12	0.78	0.72	0.67	0.61	0.56	0.52	0.47	0.43	0.40	0.37	0.34	0.31	0.29
14	0.72	0.66	0.61	0.56	0.51	0.47	0.43	0.40	0.36	0.34	0.31	0.29	0.27
16	0.66	0.61	0.56	0.51	0.47	0.43	0.40	0.36	0.34	0.31	0.29	0.26	0.25
18	0.61	0.56	0.51	0.47	0.43	0.40	0.36	0.33	0.31	0.29	0.26	0.24	0.23
20	0.56	0.51	0.47	0.43	0.39	0.36	0.33	0.31	0.28	0.26	0.24	0.23	0.21
22	0.51	0.47	0.43	0.39	0.36	0.33	0.31	0.28	0.26	0.24	0.23	0.21	0.20
24	0.46	0.43	0.39	0.36	0.33	0.31	0.28	0.26	0.24	0.23	0.21	0.20	0.18
26	0.42	0.39	0.36	0.33	0.31	0.28	0.26	0.24	0.22	0.21	0.20	0.18	0.17
28	0.39	0.36	0.33	0.30	0.28	0.26	0.24	0.22	0.21	0.20	0.18	0.17	0.16
30	0.36	0.33	0.30	0.28	0.26	0.24	0.22	0.21	0.20	0.18	0.17	0.16	0.15

表 3.3　　　　　　　　　　　　　影响系数 φ（砂浆强度 0）

β	$\frac{e}{h}$ 或 $\frac{e}{h_T}$												
	0	0.025	0.05	0.075	0.1	0.125	0.15	0.175	0.2	0.225	0.25	0.275	0.3
≤3	1	0.99	0.97	0.94	0.89	0.84	0.79	0.73	0.68	0.62	0.57	0.52	0.48
4	0.87	0.82	0.77	0.71	0.66	0.60	0.55	0.51	0.46	0.43	0.39	0.36	0.33
6	0.76	0.70	0.65	0.59	0.54	0.50	0.46	0.42	0.39	0.36	0.33	0.30	0.28
8	0.63	0.58	0.54	0.49	0.45	0.41	0.38	0.35	0.32	0.30	0.28	0.25	0.24
10	0.53	0.48	0.44	0.41	0.37	0.34	0.32	0.29	0.27	0.25	0.23	0.22	0.20
12	0.44	0.40	0.37	0.34	0.31	0.29	0.27	0.25	0.23	0.21	0.20	0.19	0.17
14	0.36	0.33	0.31	0.28	0.26	0.24	0.23	0.21	0.20	0.18	0.17	0.16	0.15
16	0.30	0.28	0.26	0.24	0.22	0.21	0.19	0.18	0.17	0.16	0.15	0.14	0.13
18	0.26	0.24	0.22	0.21	0.19	0.18	0.17	0.16	0.15	0.14	0.13	0.12	0.12
20	0.22	0.20	0.19	0.18	0.17	0.16	0.15	0.14	0.13	0.12	0.12	0.11	0.10
22	0.19	0.18	0.16	0.15	0.14	0.14	0.13	0.12	0.12	0.11	0.10	0.10	0.09
24	0.16	0.15	0.14	0.13	0.13	0.12	0.11	0.11	0.10	0.10	0.09	0.09	0.08
26	0.14	0.13	0.13	0.12	0.11	0.11	0.10	0.10	0.09	0.09	0.08	0.08	0.07
28	0.12	0.12	0.11	0.11	0.10	0.10	0.09	0.09	0.08	0.08	0.08	0.07	0.07
30	0.11	0.10	0.10	0.09	0.09	0.09	0.08	0.08	0.07	0.07	0.07	0.07	0.06

3.1.4 例题

【例 3.1】 截面尺寸为 $b \times h = 370\text{mm} \times 490\text{mm}$ 的砖柱，计算高度为 $H_0 = 3600\text{mm}$（等于实际高度），采用 MU10 烧结普通砖和 M7.5 混合砂浆砌筑，施工质量控制等级为 B 级，柱顶截面承受轴心压力设计值 $N = 200\text{kN}$。试验算该柱的承载力是否满足要求？

解 （1）计算轴心压力设计值

因柱底截面所受压力最大，故取柱底截面为验算截面。

砖砌体的重力密度 $\rho = 18\text{kN/m}^3$，则柱底轴心压力设计值为（永久荷载分项系数取 1.2）

$$N = 200 + 1.2 \times 18 \times 370 \times 490 \times 3600 \times 10^{-9} = 214\text{kN}$$

（2）确定计算参数

采用烧结普通砖砌体，γ_β 取 1.0，砖柱高厚比

$$\beta = \gamma_\beta \frac{H_0}{h} = 1.0 \times \frac{3600}{370} = 9.73$$

砖柱为轴心受压，即偏心距 $e = 0$

由式（3.8）可得（也可查表 3.1 确定）

$$\varphi = \frac{1}{1 + 12\left(\frac{e}{h} + \beta\sqrt{\frac{\alpha}{12}}\right)^2} = \frac{1}{1 + 12 \times \left(0 + 9.73 \times \sqrt{\frac{0.0015}{12}}\right)^2} = 0.88$$

柱截面面积 $A = 370 \times 490 = 0.18 \times 10^6 \text{mm}^2 = 0.18\text{m}^2 < 0.3\text{m}^2$，取 $\gamma_a = 0.7 + A = 0.88$。

查表 2.6，砌体抗压强度设计值 $f = 1.69\text{MPa}$。

（3）受压承载力验算

调整后砌体抗压强度设计值为

$$f = 0.88 \times 1.69 = 1.49\text{MPa}$$

则

$$\varphi f A = 0.88 \times 1.49 \times 0.18 \times 10^6 = 236 \times 10^3 \text{N} = 236\text{kN} > N = 214\text{kN}$$

故该柱承载力满足要求。

【例 3.2】 一截面尺寸为 $b \times h = 1000\text{mm} \times 190\text{mm}$ 的窗间墙，计算高度为 $H_0 = 3300\text{mm}$，采用 MU20 混凝土普通砖和 Mb7.5 专用砂浆砌筑，施工质量控制等级为 B 级，承受轴向压力设计值 $N = 200\text{kN}$，偏心距 $e = 40\text{mm}$。试验算该窗间墙的承载力是否满足要求？

解 （1）确定计算参数

截面面积 $A = 1000 \times 190 = 0.19 \times 10^6 \text{mm}^2 = 0.19\text{m}^2 < 0.3\text{m}^2$，取 $\gamma_a = 0.7 + A = 0.89$

采用混凝土普通砖，γ_β 取 1.1，高厚比为

$$\beta = \gamma_\beta \frac{H_0}{h} = 1.1 \times \frac{3300}{190} = 19.11$$

$$e = 40\text{mm} < 0.6y = 0.6 \times \frac{190}{2} = 57\text{mm}, \quad \frac{e}{h} = \frac{40}{190} = 0.21$$

由式（3.8）可得（也可查表 3.1 确定）

$$\varphi = \frac{1}{1 + 12\left(\frac{e}{h} + \beta\sqrt{\frac{\alpha}{12}}\right)^2} = \frac{1}{1 + 12 \times \left(0.21 + 19.11 \times \sqrt{\frac{0.0015}{12}}\right)^2} = 0.32$$

查表 2.7，砌体抗压强度设计值 $f = 2.39\mathrm{MPa}$。

（2）受压承载力计算

调整后砌体抗压强度设计值为

$$f = 0.89 \times 2.39 = 2.13\mathrm{MPa}$$

则

$$\varphi f A = 0.32 \times 2.13 \times 0.19 \times 10^6 = 130 \times 10^3 \mathrm{N} = 130\mathrm{kN} < N = 140\mathrm{kN}$$

故该窗间墙承载力不满足要求。

【例 3.3】　一带壁柱窗间墙，截面尺寸见图 3.5，计算高度为 $H_0 = 5200\mathrm{mm}$，采用 MU15 烧结多孔砖和 M7.5 混合砂浆砌筑，施工质量控制等级为 B 级。试计算当轴向压力分别作用于该墙截面重心 O 点及 A 点时的承载力。

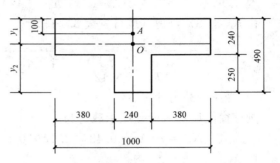

图 3.5　[例 3.3] 带壁柱砖墙截面

解　（1）截面几何特征值计算

截面面积为

$$A = 1000 \times 240 + 240 \times 250 = 0.30 \times 10^6 \mathrm{mm}^2$$

截面重心位置为

$$y_1 = \frac{1000 \times 240 \times 120 + 240 \times 250 \times \left(240 + \frac{250}{2}\right)}{0.30 \times 10^6} = 169\mathrm{mm}$$

$$y_2 = 490 - 169 = 321\mathrm{mm}$$

截面惯性矩　$I = \dfrac{1000 \times 240^3}{12} + 1000 \times 240 \times \left(169 - \dfrac{240}{2}\right)^2 + \dfrac{240 \times 250^3}{12}$

$$+ 240 \times 250 \times \left(321 - \frac{250}{2}\right)^2 = 0.43 \times 10^{10} \mathrm{mm}^4$$

截面回转半径　$i = \sqrt{\dfrac{I}{A}} = \sqrt{\dfrac{0.43 \times 10^{10}}{0.30 \times 10^6}} = 120\mathrm{mm}$

T 形截面的折算厚度　$h_{\mathrm{T}} = 3.5i = 3.5 \times 120 = 420\mathrm{mm}$

（2）轴向压力作用于截面重心 O 点时的承载力计算

1）确定计算参数。

此时属轴心受压构件，偏心距 $e = 0$。

采用烧结多孔砖砌体，γ_β 取 1.0。

高厚比　$\beta = \gamma_\beta \dfrac{H_0}{h_{\mathrm{T}}} = 1.0 \times \dfrac{5200}{420} = 12.38$

由式（3.8）可得（也可查表 3.1 确定）

$$\varphi = \frac{1}{1 + 12\left(\dfrac{e}{h} + \beta\sqrt{\dfrac{\alpha}{12}}\right)^2} = \frac{1}{1 + 12 \times \left(0 + 12.38 \times \sqrt{\dfrac{0.0015}{12}}\right)^2} = 0.81$$

查表 2.6，砌体抗压强度设计值 $f = 2.07\mathrm{MPa}$，无需调整。

2）受压承载力计算。

则该窗间墙的截面受压承载力为

$$N_u = \varphi f A = 0.81 \times 2.07 \times 0.30 \times 10^6 = 503 \times 10^3 \text{N} = 503\text{kN}$$

（3）轴向压力作用于截面 A 点时的承载力计算

1）确定计算参数。

此时属偏心受压。

$$e = y_1 - 0.1 = 169 - 100 = 69\text{mm} < 0.6y_1 = 0.6 \times 169 = 101\text{mm}$$

$$\frac{e}{h_T} = \frac{69}{420} = 0.16$$

由式（3.8）可得（也可查表 3.1 确定）

$$\varphi = \frac{1}{1 + 12\left(\frac{e}{h} + \beta\sqrt{\frac{\alpha}{12}}\right)^2} = \frac{1}{1 + 12 \times \left(0.16 + 12.38 \times \sqrt{\frac{0.0015}{12}}\right)^2} = 0.48$$

2）受压承载力计算。

则该窗间墙的截面受压承载力为

$$N_u = \varphi f A = 0.48 \times 2.07 \times 0.30 \times 10^6 = 298 \times 10^3 \text{N} = 298\text{kN}$$

3.2 局 部 受 压

局部受压是砌体结构中常见的一种受力状态，其特点在于轴向力仅作用于砌体的部分截面上。当砌体截面上作用局部均匀压力时，称为局部均匀受压，如承受上部柱或墙传来压力的基础顶面［图 3.6（a）］；当砌体截面上作用局部非均匀压力时，则称为局部不均匀受压，如支承梁或屋架的墙柱在梁或屋架端部支承处的砌体顶面［图 3.6（b）］。

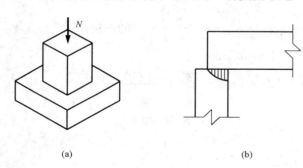

图 3.6　砌体的局部受压

(a) 均匀局压；(b) 不均匀局压

3.2.1　砌体局部均匀受压

一、砌体局部均匀受压的破坏形态

试验研究结果表明，砌体局部均匀受压大致有三种破坏形态。

（一）因竖向裂缝发展引起的破坏

这种破坏的特点是：当局部压力达到一定数值时，在离局压垫板下 2～3 皮砖处首先出现竖向裂缝；随着局部压力增大，竖向裂缝数量增多的同时，在局压垫两侧附近还出现斜向裂缝；部分竖向裂缝向上、向下延伸并开展形成一条明显的主裂缝使砌体丧失承载力而破坏［图 3.7（a）］。这是砌体局压破坏中较常见也较为基本的破坏形态。

（二）劈裂破坏

当砌体面积与局部受压面积之比很大时，在局部压应力的作用下产生的竖向裂缝少而集中，砌体一旦出现竖向裂缝，就很快成为一条主裂缝而发生劈裂破坏，开裂荷载与破坏荷载很接近［图 3.7（b）］。这种破坏为突然发生的脆性破坏，设计中应避免出现。

（三）与垫板直接接触的砌体局部破坏

这种破坏在试验时很少出现，但在工程中当墙梁的梁高与跨度之比较大，砌体强度较低时，有可能产生梁支承处附近砌体被压碎的现象〔图 3.7（c）〕。

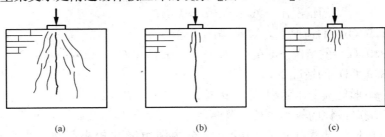

图 3.7　砌体局部均匀受压的破坏形态

（a）因竖向裂缝发展引起的破坏；（b）劈裂破坏；（c）与垫板直接接触的砌体局部破坏

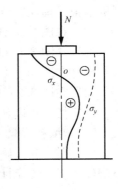

图 3.8　局部受压试件应力分布

　　局部受压试验证明，砌体局部受压的承载力大于砌体抗压强度与局部受压面积的乘积，即砌体局部受压强度较普通受压强度有所提高。一般认为这是由于存在"套箍强化"和"应力扩散"的作用。在局部压应力的作用下，局部受压的砌体在产生纵向变形的同时还产生横向变形，当局部受压部分的砌体四周或对边有砌体包围时，未直接承受压力的部分像套箍一样约束其横向变形，使与加载板接触的砌体处于三向受压或双向受压的应力状态（试验实测和有限元分析得到的一般墙段在中部局压荷载作用下试件中线上横向和纵向的应力分布如图 3.8所示），抗压能力大大提高。但"套箍强化"作用并不是所有的局部受压情况都有，当局部受压面积位于构件边缘或端部时，"套箍强化"作用则不明显甚至没有，但按"应力扩散"的概念加以分析，只要在砌体内存在未直接承受压力的面积，就有应力扩散的现象，就可以在一定程度上提高砌体的抗压强度。

二、砌体局部抗压强度提高系数

　　当砌体抗压强度设计值为 f 时，砌体局部均匀受压时的抗压强度可取为 γf，γ 称为砌体局部抗压强度提高系数。试验结果表明，γ 的大小与周边约束局部受压面积的砌体截面面积的大小以及局部受压砌体所处的位置有关，可按下式确定

$$\gamma = 1 + \xi\sqrt{\frac{A_0}{A_l} - 1} \tag{3.13}$$

式中　A_0——影响砌体局部抗压强度的计算面积；

　　　　A_l——局部受压面积；

　　　　ξ——与局部受压砌体所处位置有关的系数。

　　式（3.13）等号右边第一项可视为局部受压面积范围内砌体自身的单轴抗压强度，第二项可视为非直接受压砌体对局部受压砌体所提供侧向压力的"套箍强化"作用和"应力扩散"作用的综合影响。根据中心局部受压的试验结果，ξ 值可达 0.7～0.75，但当局部受压面积位于构件边缘或端部时，ξ 值将降低较多。为简化计算且偏于安全，《规范》规定砌体的局部抗压强度提高系数 γ 可按下式计算

$$\gamma = 1 + 0.35\sqrt{\frac{A_0}{A_l} - 1} \tag{3.14}$$

影响砌体局部抗压强度的计算面积 A_0 可按下列规定采用：

（1）在图 3.9（a）的情况下，$A_0 = (a+c+h)h$；

（2）在图 3.9（b）的情况下，$A_0 = (b+2h)h$；

（3）在图 3.9（c）的情况下，$A_0 = (a+b)h + (b+h_1-h)h_1$；

（4）在图 3.9（d）的情况下，$A_0 = (a+h)h$。

式中　a、b——矩形局部受压面积 A_l 的边长；

　　　　h、h_1——墙厚或柱的较小边长、墙厚；

　　　　c——矩形局部受压面积的外边缘至构件边缘的较小距离，当大于 h 时，应取为 h。

为了避免 A_0/A_l 大于某一限值时会出现危险的劈裂破坏，规定对按式（3.14）计算所得的 γ 值，尚应符合下列规定：

（1）在图 3.9（a）的情况下，$\gamma \leqslant 2.5$；

（2）在图 3.9（b）的情况下，$\gamma \leqslant 2.0$；

（3）在图 3.9（c）的情况下，$\gamma \leqslant 1.5$；

（4）在图 3.9（d）的情况下，$\gamma \leqslant 1.25$；

（5）按《规范》的要求灌孔的混凝土砌块砌体，在（1）、（2）款的情况下，尚应符合 $\gamma \leqslant 1.5$，未灌孔混凝土砌块砌体，$\gamma = 1.0$；

（6）对多孔砖砌体孔洞难以灌实时，应按 $\gamma = 1.0$ 取用；当设置混凝土垫块时，按垫块下的砌体局部受压计算。

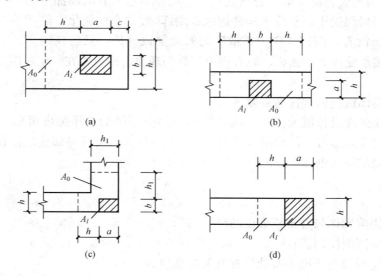

图 3.9　影响砌体局部抗压强度的计算面积 A_0

(a) $\gamma \leqslant 2.5$；(b) $\gamma \leqslant 2.0$；(c) $\gamma \leqslant 1.5$；(d) $\gamma \leqslant 1.25$

三、砌体截面中受局部均匀压力时承载力的计算

砌体截面中受局部均匀压力时的承载力应满足下式的要求

$$N_l \leqslant \gamma f A_l \tag{3.15}$$

式中　N_l——局部受压面积上的轴向力设计值；

γ——砌体局部抗压强度提高系数；

f——砌体的抗压强度设计值，局部受压面积小于 $0.3m^2$，可不考虑强度调整系数 γ_a 的影响；

A_l——局部受压面积。

3.2.2　梁端支承处砌体的局部受压

一、梁端有效支承长度

梁端支承在砌体上时，由于梁的挠曲变形和支承处砌体的压缩变形的影响，梁端的支承长度将由实际支承长度 a 变为有效支承长度 a_0，因而砌体局部受压面积应为 $A_l = a_0 b$（b 为梁的截面宽度），而且梁下砌体的局部压应力也非均匀分布（图 3.10）。

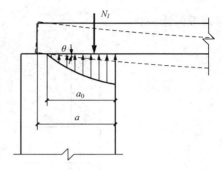

图 3.10　梁端局部受压

试验证明梁端有效支承长度与梁端局部受压荷载的大小、梁的刚度、砌体强度、砌体变形性能及局压面积的相对位置等因素有关。为简化计算，假定梁端砌体的压缩变形与压应力成正比。设梁端转角为 θ，则支承内边缘的压缩变形为 $a_0\tan\theta$，该处的压应力为 $Ka_0\tan\theta$，K 为梁端支承处砌体的压缩变形系数，即砌体发生单位变形所需的应力。由于梁端砌体内实际的压应力为曲线分布，设压应力图形的完整系数为 η，取平均压应力为 $\sigma = \eta Ka_0\tan\theta$，由竖向力的平衡条件可得

$$N_l = \sigma a_0 b = \eta K a_0^2 b\tan\theta \tag{3.16}$$

通过大量试验结果的反算，发现 $\dfrac{\eta K}{f}$ 变化幅度不大，可近似取为 0.7mm^{-1}；对于均布荷载 q 作用下的简支梁，取 $N_l = \dfrac{1}{2}ql$，$\tan\theta = \dfrac{1}{24B_c}ql^3$；考虑到混凝土梁裂缝以及长期荷载对刚度的影响，混凝土梁的刚度近似取 $B_c = 0.3E_cI_c$；取混凝土强度等级为 C20，其弹性模量 $E_c = 2.55\times10^4\text{MPa}$；$I_c = \dfrac{1}{12}bh_c^3$；近似取 $\dfrac{h_c}{l} = \dfrac{1}{11}$，由式（3.16）可得的 a_0 近似计算公式为

$$a_0 = 10\sqrt{\dfrac{h_c}{f}} \tag{3.17}$$

式中　a_0——梁端有效支承长度，mm，当 $a_0 > a$ 时，应取 $a_0 = a$（a 为梁端实际支承长度，mm）；

h_c——梁的截面高度，mm；

f——砌体的抗压强度设计值，MPa。

二、上部荷载对局部抗压的影响

多层砌体房屋作用在梁端砌体上的轴向压力除了有梁端支承压力 N_l 外，还有由上部荷载传来的压力 N_0。设上部砌体内作用的平均压应力为 σ_0，假设梁与墙上下界面紧密接触，则梁端底部承受的上部荷载传来的压力 $N_0 = \sigma_0 A_l$。

由于一般梁不可避免要发生弯曲变形，梁端下部砌体局部受压区在不均匀压应力作用下发生压缩变形，梁顶面局部和砌体脱开，使上部砌体传来的荷载逐渐通过砌体内形成的卸载（内）拱卸至两边砌体向下传递（图 3.11），从而减小了梁端直接传递的压力，这种内力重分布现象对砌体的局部受压是有利的，将这种工作机理称为砌体的内拱作用。

将考虑内拱卸载作用的梁端底部承受的上部荷载传来的压力用 ψN_0 表示。内拱的卸载作用与 $\dfrac{A_0}{A_l}$ 的大小有关，试验表明，当 $\dfrac{A_0}{A_l} \geqslant 2$ 时，内拱的卸荷作用很明显，可不考虑上部荷载对砌体局部抗压强度的影响，即取 $\psi=0$。偏于安全，《规范》规定当 $\dfrac{A_0}{A_l} \geqslant 3$ 时，不考虑上部荷载的影响。

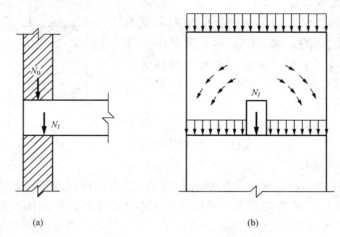

(a)   (b)

图 3.11　上部荷载对局部抗压的影响

三、梁端支承处砌体的局部受压承载力计算

梁端支承处砌体的局部受压承载力应按下列公式计算

$$\psi N_0 + N_l \leqslant \eta f A_l \tag{3.18a}$$

$$\psi = 1.5 - 0.5\frac{A_0}{A_l} \tag{3.18b}$$

$$N_0 = \sigma_0 A_l \tag{3.18c}$$

$$A_l = a_0 b \tag{3.18d}$$

式中　ψ——上部荷载的折减系数，当 $\dfrac{A_0}{A_l} \geqslant 3$ 时，应取 $\psi=0$；

$\quad\ \ N_0$——局部受压面积内上部轴向力设计值；

$\quad\ \ N_l$——梁端支承压力设计值；

$\quad\ \ \sigma_0$——上部平均压应力设计值；

$\quad\ \ \eta$——梁端底面压应力图形的完整系数，应取 0.7，对于过梁和墙梁应取 1.0；

$\quad\ \ b$——梁的截面宽度；

$\quad\ \ f$——砌体的抗压强度设计值。

3.2.3　梁端设有刚性垫块的砌体局部受压

由于梁端支承压力通常较大，梁端支承处砌体的局部受压承载力多不满足要求，故梁下一般应设置刚性垫块或扩大端头或垫梁以扩大局部受压面积，提高局部受压承载力。《规范》规定：屋架跨度大于 6m 和梁跨度大于 4.8m（支承于砖砌体）、4.2m（支承于砌块和料石砌体）、3.9m（支承于毛石砌体），应在支承处砌体上设置混凝土或钢筋混凝土垫块；当墙中设有圈梁时，垫块与圈梁宜浇成整体。

一、刚性垫块的构造要求

当梁端局部受压承载力不满足时，在梁端下设置预制或现浇混凝土垫块（图 3.12、图 3.13）以扩大局部受压面积，是较有效的方法之一。刚性垫块的构造应符合下列规定：

（1）刚性垫块的高度不应小于 180mm，自梁边算起的垫块挑出长度不应大于垫块高度 t_b；

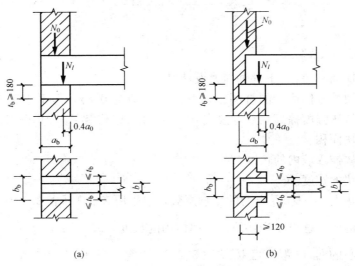

图 3.12　梁端下预制刚性垫块

（2）在带壁柱墙的壁柱内设刚性垫块时 [图 3.12（b）]，其计算面积应取壁柱范围内的面积，而不应计算翼缘部分，同时壁柱上垫块伸入翼墙内的长度不应小于 120mm；

（3）当现浇垫块与梁端整体浇筑时，垫块可在梁高范围内设置 [图 3.13（a）]。

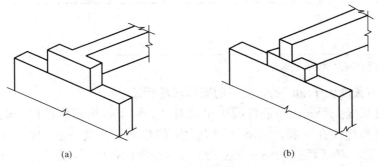

图 3.13　梁端现浇整体垫块

二、梁端设有刚性垫块的砌体局部受压承载力计算

试验表明刚性垫块下的砌体即具有局部受压的特点，又具有偏心受压的特点。由于处于局部受压状态，垫块外砌体面积的有利影响应当考虑，但是考虑到垫块底面压应力的不均匀性，偏于安全取垫块外砌体面积的有利影响系数 $\gamma_1 = 0.8\gamma$（γ 为砌体局部抗压强度提高系数）。由于垫块下的砌体又处于偏心受压状态，所以刚性垫块下砌体的局部受压可采用砌体偏心受压的公式计算。

刚性垫块下的砌体局部受压承载力应按下列公式计算

$$N_0 + N_l \leqslant \varphi\gamma_1 f A_b \tag{3.19a}$$

$$N_0 = \sigma_0 A_b \tag{3.19b}$$

$$A_b = a_b b_b \tag{3.19c}$$

$$e = \frac{N_l\left(\dfrac{a_b}{2} - 0.4a_0\right)}{N_0 + N_l} \tag{3.20}$$

$$a_0 = \delta_1 \sqrt{\frac{h_c}{f}} \tag{3.21}$$

式中　N_0——垫块面积 A_b 内上部轴向力设计值。

　　　γ_1——垫块外砌体面积的有利影响系数，γ_1 应为 0.8γ，但不小于 1.0。γ 为砌体局部抗压强度提高系数，按式（3.14）以 A_b 代替 A_l 计算得出。

　　　A_b——垫块面积。

　　　a_b——垫块伸入墙内的长度。

　　　b_b——垫块的宽度。

　　　φ——垫块上 N_0 及 N_l 合力的影响系数，应采用表 3.1～表 3.3 中当 $\beta \leqslant 3$ 及相应的 $\dfrac{e}{h}$ 的值。这里 h 为垫块伸入墙体内的长度（即 a_b）；e 为 N_0 及 N_l 合力对垫块形心的偏心距，可按式（3.20）计算，垫块上 N_l 作用点的位置可取 $0.4a_0$ 处。

　　　a_0——刚性垫块上表面梁端有效支承长度。

　　　δ_1——刚性垫块的影响系数，可按表 3.4 采用。

表 3.4		系 数 δ_1 值			
$\dfrac{\sigma_0}{f}$	0	0.2	0.4	0.6	0.8
δ_1	5.4	5.7	6.0	6.9	7.8

注　表中其间的数值可采用插入法求得。

3.2.4　梁下设有长度大于 πh_0 的垫梁下的砌体局部受压

当梁下设有长度大于 πh_0 钢筋混凝土垫梁时（实际工程中砌体结构一般各层均设有圈梁，大梁和圈梁多浇注在一起，故圈梁即为大梁的垫梁且长度一般均较长，多大于 πh_0），由于垫梁是柔性的，置于墙上的垫梁在屋面梁或楼面梁的作用下，垫梁可将梁端传来的压力分散到较大范围的砌体墙上。在分析垫梁下砌体的局部受压时，可将垫梁视为承受集中荷载的"弹性地基"上的无限长梁（图3.14），"弹性地基"的宽度即为墙厚 h。

假设垫梁上作用的局部荷载沿墙厚均匀分布，按照弹性力学的平面应力问题求解，可得梁下压应力

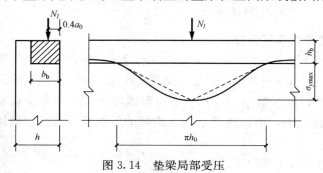

图 3.14　垫梁局部受压

图形分布如图 3.14 中实线所示，其最大压应力 σ_{ymax} 为

$$\sigma_{ymax} = 0.306 \frac{N_l}{b_b} \sqrt[3]{\frac{Eh}{E_b I_b}} \quad\quad (3.22)$$

式中　N_l——梁端支承压力设计值；

b_b——垫梁在墙厚方向的宽度；

E——砌体的弹性模量；

h——墙厚；

E_b，I_b——垫梁的混凝土弹性模量和截面惯性矩。

　　为简化计算，用三角形压应力图形代替曲线形压应力图形，并假定应力分布长度为 $s = \pi h_0$，则由静力平衡条件可得

$$N_l = \frac{1}{2} \pi h_0 b_b \sigma_{ymax} \quad\quad (3.23)$$

　　将式（3.23）代入式（3.22），则可得到垫梁的折算高度 h_0 为

$$h_0 \approx 2 \sqrt[3]{\frac{E_b I_b}{Eh}} \quad\quad (3.24)$$

　　试验结果表明，在荷载作用下由于钢筋混凝土垫梁先开裂，垫梁的刚度在减小。砌体临近破坏时，砌体内实际最大应力比按上述弹性力学分析的结果要大得多，$\frac{\sigma_{ymax}}{f}$ 均大于 1.5。《规范》建议按下式验算

$$\sigma_{ymax} \leqslant 1.5f \quad\quad (3.25)$$

　　考虑垫梁 $\frac{\pi b_b h_0}{2}$ 范围内上部荷载设计值产生的轴力 N_0，则有

$$N_0 + N_l \leqslant \frac{\pi b_b h_0}{2} \times 1.5f = 2.356 b_b h_0 f \approx 2.4 b_b h_0 f \quad\quad (3.26)$$

　　考虑荷载沿墙方向分布不均匀的影响后，《规范》规定梁下设有长度大于 πh_0 的垫梁下的砌体局部受压承载力应按下列公式计算

$$N_0 + N_l \leqslant 2.4 \delta_2 f b_b h_0 \quad\quad (3.27a)$$

$$N_0 = \frac{\pi b_b h_0 \sigma_0}{2} \quad\quad (3.27b)$$

$$h_0 = 2 \sqrt[3]{\frac{E_b I_b}{Eh}} \quad\quad (3.27c)$$

式中　N_0——垫梁上部轴向力设计值，N；

b_b——垫梁在墙厚方向的宽度，mm；

δ_2——垫梁底面压应力分布系数，当荷载沿墙厚方向均匀分布时 δ_2 可取 1.0，不均匀分布时可取 0.8；

h_0——垫梁折算高度，mm；

E_b，I_b——垫梁的混凝土弹性模量和截面惯性矩；

E——砌体的弹性模量；

h——墙厚，mm。

计算中，垫梁上梁端有效支承长度 a_0 可按式（3.21）计算。

3.2.5 例题

【例 3.4】 一钢筋混凝土柱，截面尺寸为 250mm×250mm，支承在 370mm 宽的条形砖基础上，柱传至基础上的荷载设计值为 220kN，作用位置如图 3.15 所示。砖基础采用 MU15 烧结普通砖和 M7.5 混合砂浆砌筑，施工质量控制等级为 B 级。试验算柱下基础砌体的局部受压承载力。

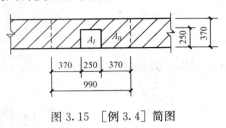

图 3.15　[例 3.4] 简图

解 柱下基础属局部均匀受压。

局部受压面积为
$$A_l = 250 \times 250 = 6.25 \times 10^4 \text{mm}^2$$

影响砌体局部抗压强度的计算面积为
$$A_0 = (250 + 2 \times 370) \times 370 = 3.66 \times 10^5 \text{mm}^2$$

局部抗压强度提高系数
$$\gamma = 1 + 0.35 \times \sqrt{\frac{A_0}{A_l} - 1} = 1 + 0.35 \times \sqrt{\frac{3.66 \times 10^5}{6.25 \times 10^4} - 1} = 1.77 < 2.0$$

查表 2.6，砌体抗压强度设计值 $f = 2.07$MPa，局部受压时可不考虑强度调整系数的影响。则砌体局部受压承载力为
$$\gamma f A_l = 1.77 \times 2.07 \times 6.25 \times 10^4 = 229 \times 10^3 \text{N} = 229 \text{kN} > N_l = 220 \text{kN}$$

满足要求。

【例 3.5】 截面尺寸为 $b \times h = 200$mm×450mm 的钢筋混凝土楼面梁，支承在截面尺寸为 1200mm×240mm 的窗间墙上，支承长度 $a = 240$mm，梁端荷载设计值产生的支座反力 $N_l = 60$kN，梁底墙体截面由上部荷载产生的轴向力设计值为 180kN，如图 3.16 所示。窗间墙采用 MU15 烧结多孔砖和 M7.5 混合砂浆砌筑，施工质量控制等级为 B 级。试验算梁端下部砌体的局部受压承载力。

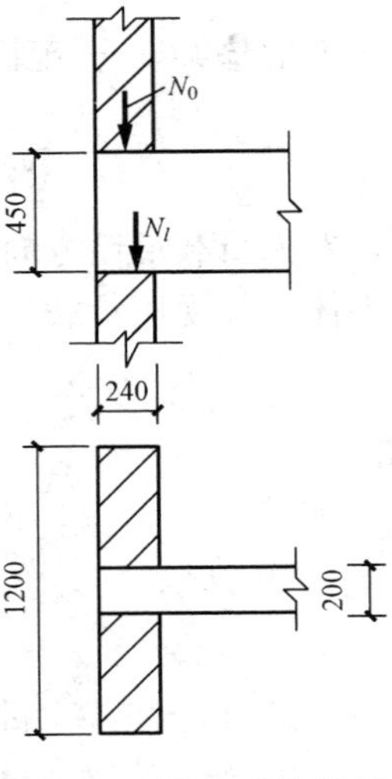

解 （1）确定计算参数

查表 2.6 得砌体抗压强度设计值 $f = 2.07$MPa

梁端有效支承长度
$$a_0 = 10 \sqrt{\frac{h_c}{f}} = 10 \sqrt{\frac{450}{2.07}} = 147 \text{mm} < a = 240 \text{mm}$$

局部受压面积 $A_l = a_0 b = 147 \times 200 = 0.29 \times 10^5 \text{mm}^2$

影响砌体局部抗压强度的计算面积
$$A_0 = (200 + 2 \times 240) \times 240 = 0.16 \times 10^6 \text{mm}^2$$

因 $\dfrac{A_0}{A_l} = \dfrac{0.16 \times 10^6}{0.29 \times 10^5} = 5.52 > 3$，故取 $\psi = 0$，即不考虑上部荷载的影响。

图 3.16　[例 3.5] 简图

局部抗压强度提高系数为
$$\gamma = 1 + 0.35 \times \sqrt{\frac{A_0}{A_l} - 1} = 1 + 0.35 \times \sqrt{5.52 - 1} = 1.74 < 2.0, \quad \text{取} = 1.74$$

（2）局部受压承载力验算

$$\eta\gamma fA_l = 0.7 \times 1.74 \times 2.07 \times 0.29 \times 10^5 = 73 \times 10^3 \text{N} = 73 \text{kN} > 60 \text{kN}$$

满足要求。

【例 3.6】　一截面尺寸为 $b \times h = 250\text{mm} \times 550\text{mm}$ 的钢筋混凝土梁，支承在带壁柱的窗间墙上，截面尺寸如图 3.17（a）所示，支承长度 $a = 370\text{mm}$，梁端荷载设计值产生的支座反力 $N_l = 120\text{kN}$，梁底墙体截面由上部荷载产生的轴向力设计值为 200kN，窗间墙采用 MU15 烧结普通砖和 M7.5 混合砂浆砌筑，施工质量控制等级为 B 级。试验算梁端支承处砌体的局部受压承载力。如不满足要求，试设置预制刚性垫块使其满足局部受压承载力要求。

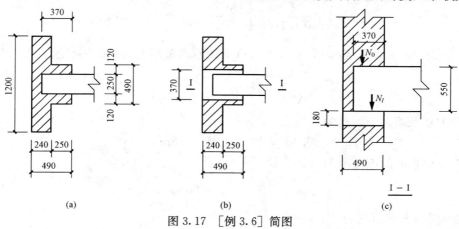

图 3.17　[例 3.6] 简图

解　（1）确定计算参数

查表 2.6 得砌体抗压强度设计值 $f = 2.07\text{MPa}$

梁端有效支承长度 $a_0 = 10\sqrt{\dfrac{h_c}{f}} = 10\sqrt{\dfrac{550}{2.07}} = 163\text{mm} < a = 370\text{mm}$

局部受压面积 $A_l = a_0 b = 163 \times 250 = 0.41 \times 10^5 \text{mm}^2$

影响砌体局部抗压强度的计算面积 $A_0 = 490 \times 490 = 0.24 \times 10^6 \text{mm}^2$

因 $\dfrac{A_0}{A_l} = \dfrac{0.24 \times 10^6}{0.41 \times 10^5} = 5.85 > 3$，故取 $\psi = 0$，即不考虑上部荷载的影响。

局部抗压强度提高系数为

$$\gamma = 1 + 0.35 \times \sqrt{\dfrac{A_0}{A_l} - 1} = 1 + 0.35 \times \sqrt{5.85 - 1} = 1.77 < 2.0, \quad 取 \gamma = 1.77$$

（2）梁端支承处砌体的局部受压承载力验算

$$\eta\gamma fA_l = 0.7 \times 1.77 \times 2.07 \times 0.41 \times 10^5 = 105 \times 10^3 \text{N} = 105 \text{kN} < N_l = 120 \text{kN}$$

故梁端支承处砌体的局部受压承载力不满足要求。

（3）刚性垫块下的砌体局部受压承载力验算

1）确定计算参数。

设置截面尺寸为 $a_b \times b_b \times t_b = 490\text{mm} \times 370\text{mm} \times 180\text{mm}$ 的预制刚性垫块，如图 3.17（b）、（c）所示，其尺寸满足构造要求。

局部受压面积为

$$A_l = A_b = a_b b_b = 490 \times 370 = 0.18 \times 10^6 \text{mm}^2$$

影响砌体局部抗压强度的计算面积为

$$A_0 = 490 \times 490 = 0.24 \times 10^6 \text{mm}^2$$

$$\frac{A_0}{A_l} = \frac{0.24 \times 10^6}{0.18 \times 10^6} = 1.33$$

$$\gamma = 1 + 0.35 \times \sqrt{\frac{A_0}{A_l} - 1} = 1 + 0.35 \times \sqrt{1.33 - 1} = 1.20 < 2.0, \quad \text{取} \ \gamma = 1.20$$

垫块外砌体面积的有利影响系数 $\gamma_1 = 0.8\gamma = 0.8 \times 1.20 = 0.96 < 1.0$，取 $\gamma_1 = 1.0$。

上部荷载产生的平均压应力

$$\sigma_0 = \frac{200 \times 10^3}{240 \times 1200 + 250 \times 490} = 0.49 \text{MPa}$$

$\frac{\sigma_0}{f} = \frac{0.49}{2.07} = 0.24$，查表 3.4，得 $\delta_1 = 5.76$，则刚性垫块上表面梁端有效支承长度为

$$a_0 = \delta_1 \sqrt{\frac{h}{f}} = 5.76 \times \sqrt{\frac{550}{2.07}} = 94 \text{mm}$$

N_l 合力点至墙边的距离为

$$0.4a_0 = 0.4 \times 94 = 38 \text{mm}$$

N_l 对垫块重心的偏心距为

$$e_l = \frac{490}{2} - 38 = 207 \text{mm}$$

垫块承受的上部荷载为

$$N_0 = \sigma_0 A_b = 0.49 \times 0.18 \times 10^6 = 88 \times 10^3 \text{N} = 88 \text{kN}$$

作用在垫块上的轴向力为

$$N = N_0 + N_l = 88 + 120 = 208 \text{kN}$$

轴向力对垫块重心的偏心距为

$$e = \frac{N_l e_l}{N_0 + N_l} = \frac{120 \times 207}{208} = 119 \text{mm}, \quad \frac{e}{a_b} = \frac{119}{490} = 0.24$$

查表 3.1（$\beta \leqslant 3$），$\varphi = 0.57$

2）受压承载力计算。

$$\varphi \gamma_1 f A_b = 0.57 \times 1.0 \times 2.07 \times 0.18 \times 10^6 = 212 \times 10^3 \text{N} = 212 \text{kN} > N = N_0 + N_l = 208 \text{kN}$$

设置预制刚性垫块后，砌体局部受压承载力满足要求。

3.3 轴心受拉、受弯和受剪构件

3.3.1 轴心受拉构件

砌体的抗拉强度很低，工程上很少采用砌体轴心受拉构件。如容积较小的圆形水池或筒仓，在液体或松散物料的侧压力作用下，池壁或筒壁内只产生环向拉力时，有时采用砌体结构（图 3.18）。

轴心受拉构件的承载力应按下式计算

$$N_t \leqslant f_t A \tag{3.28}$$

式中 N_t——轴心拉力设计值；

       f_t——砌体的轴心抗拉强度设计值，按表 2.13 采用；

A——轴心受拉构件截面面积。

3.3.2　受弯构件

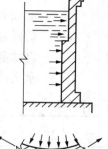

砌体过梁和不计墙自重的砌体挡土墙均属受弯构件。受弯构件除应进行正截面受弯承载力计算外，还应进行斜截面受剪承载力计算。

受弯构件的受弯承载力应按下式计算

$$M \leqslant f_{tm}W \tag{3.29}$$

式中　M——弯矩设计值；

　　　f_{tm}——砌体弯曲抗拉强度设计值，按表 2.13 采用；

　　　W——截面抵抗矩。

受弯构件的受剪承载力应按下列公式计算

$$V \leqslant f_v bz \tag{3.30a}$$

$$z = \frac{I}{S} \tag{3.30b}$$

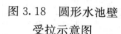
图 3.18　圆形水池壁
受拉示意图

式中　V——剪力设计值；

　　　f_v——砌体弯曲抗拉强度设计值，按表 2.13 采用；

　　　b——截面宽度；

　　　z——内力臂，当截面为矩形截面时取 $z = \dfrac{2h}{3}$；

　　　I, S——截面惯性矩和面积矩。

3.3.3　受剪构件

砌体结构中单纯受剪的情况很少，通常是剪压复合受力状态，即砌体在受剪的同时还承受竖向压力。如砌体墙在水平地震作用下同时还承担竖向荷载，或在无拉杆的拱支座截面，由于拱的水平推力将使支座砌体受剪（图 3.19）。

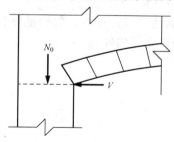

无筋砌体在剪压复合受力情况下，可能发生沿水平通缝截面或沿阶梯形截面的受剪破坏，其受剪承载力与砌体的抗剪强度 f_v 及竖向荷载在截面上产生的压应力 σ_0 的大小有关。试验结果表明：压应力 σ_0 增大，内摩阻力也增大，但摩擦系数并非一个定值，而是随着 σ_0 的增大而逐渐减小。因此《规范》采用了变摩擦系数的计算公式。

图 3.19　无拉杆拱支座截面受剪

沿通缝或沿阶梯形截面破坏时受剪构件的承载力应按下列公式计算

$$V \leqslant (f_v + \alpha\mu\sigma_0)A \tag{3.31a}$$

当 $\gamma_G = 1.2$ 时

$$\mu = 0.26 - 0.082\frac{\sigma_0}{f} \tag{3.31b}$$

当 $\gamma_G = 1.35$ 时

$$\mu = 0.23 - 0.065\frac{\sigma_0}{f} \tag{3.31c}$$

式中　V——截面剪力设计值。

　　　A——水平截面面积。当有孔洞时，取净截面面积。

　　　f_v——砌体抗剪强度设计值，按表 2.13 采用，对灌孔的混凝土砌块砌体取 f_{vg}。

　　　α——修正系数，当 $\gamma_G = 1.2$ 时，砖（含多孔砖）砌体取 0.60，混凝土砌块砌体取

0.64；当 $\gamma_G = 1.35$ 时，砖（含多孔砖）砌体取 0.64，混凝土砌块砌体取 0.66。

μ——剪压复合受力影响系数，α 与 μ 的乘积可查表 3.5。

f——砌体的抗压强度设计值。

σ_0——永久荷载设计值产生的水平截面平均压应力，其值不应大于 $0.8f$。

表 3.5 　　　　　　　　　　**当 $\gamma_G = 1.2$ 及 $\gamma_G = 1.35$ 时 $\alpha\mu$ 值**

γ_G	$\dfrac{\sigma_0}{f}$	0.1	0.2	0.3	0.4	0.5	0.6	0.7	0.8
1.2	砖砌体	0.15	0.15	0.14	0.14	0.13	0.13	0.12	0.12
	砌块砌体	0.16	0.16	0.15	0.15	0.14	0.13	0.13	0.12
1.35	砖砌体	0.14	0.14	0.14	0.13	0.13	0.12	0.12	0.11
	砌块砌体	0.15	0.14	0.14	0.13	0.13	0.13	0.12	0.12

3.3.4　例题

【例 3.7】　一圆形砖砌水池，壁厚 370mm，采用 MU10 烧结普通砖和 M10 水泥砂浆砌筑，施工质量控制等级为 B 级，池壁单位高度（1m）承受的最大环向拉力设计值为 50kN。试验算池壁的受拉承载力。

解　查表 2.13，砌体沿齿缝破坏的抗拉强度设计值 $f = 0.19\text{MPa}$

则　　　　　　　$f_t A = 0.19 \times 1000 \times 370 = 70 \times 10^3 \text{N} = 70\text{kN} > 50\text{kN}$

满足要求。

【例 3.8】　一浅矩形水池（图 3.20），池壁高 $H = 1200\text{mm}$，池壁厚 $h = 490\text{mm}$，采用 MU10 烧结普通砖和 M10 水泥砂浆砌筑，施工质量控制等级为 B 级。忽略池壁自重产生的垂直压力，试验算池壁的承载力。（取水的重力密度 $\rho = 10\text{kN/m}^3$）

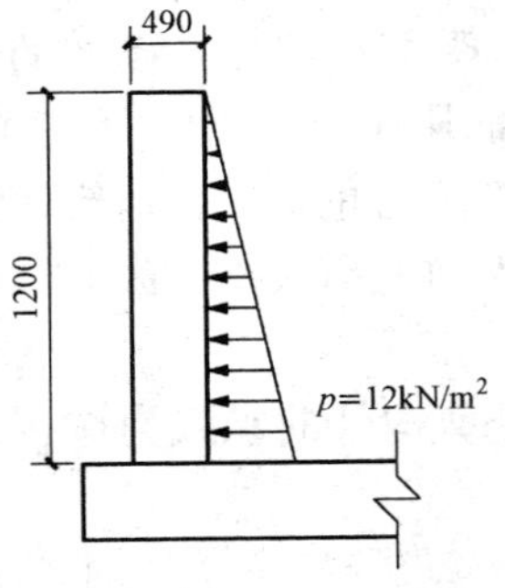

解　沿竖向取宽度 $b = 1000\text{mm}$ 的池壁进行计算。忽略池壁自重产生的垂直压力，该池壁为竖向悬臂受弯构件。

（1）受弯承载力验算。

池壁底端弯矩设计值为

$$M = \gamma_G \frac{pbH^2}{6} = 1.2 \times \frac{12 \times 10^{-3} \times 1000 \times 1200^2}{6}$$
$$= 3.46 \times 10^6 \text{N} \cdot \text{mm}$$

截面抵抗矩为

$$W = \frac{bh^2}{6} = \frac{1000 \times 490^2}{6} = 0.40 \times 10^8 \text{mm}^3$$

图 3.20　[例 3.8] 简图

查表 2.13 得，沿通缝弯曲抗压强度设计值 $f_{tm} = 0.17\text{MPa}$。

$$f_{tm}W = 0.17 \times 0.40 \times 10^8 = 6.80 \times 10^6 \text{N} \cdot \text{mm} > 3.46 \times 10^6 \text{N} \cdot \text{mm}$$

受弯承载力满足要求。

（2）受剪承载力验算。

池壁底端剪力设计值为

$$V = \gamma_G \frac{pbH}{2} = 1.2 \times \frac{12 \times 10^{-3} \times 1000 \times 1200}{2} = 8.64 \times 10^3 \text{N}$$

查表 2.13 得，抗剪强度设计值 $f_v=0.17\text{MPa}$。

$$f_v bz = 0.17 \times 1000 \times \frac{2}{3} \times 490 = 55.53 \times 10^3 \text{N} > V = 8.64 \times 10^3 \text{N}$$

受剪承载力满足要求。

<h2 style="text-align:center">本　章　小　结</h2>

（1）无筋砌体受压构件按照高厚比的不同可分为短柱和长柱。在截面尺寸、材料强度等级和施工质量相同的情况下，影响无筋砌体受压构件承载力的主要因素是构件的高厚比和相对偏心距，《规范》用承载力影响系数来考虑这两种因素的影响，对短柱、长柱、轴心受压构件和偏心受压构件采用统一的承载力计算公式。

（2）局部受压是砌体结构中常见的一种受力状态，分为局部均匀受压和局部非均匀受压两种情况。局部均匀受压可能发生三种破坏形态：竖向裂缝发展引起的破坏、劈裂破坏和与垫板直接接触的砌体的局部破坏。由于"套箍强化"和"应力扩散"作用，局部受压范围内的砌体抗压强度有较大程度的提高，采用砌体局部抗压强度提高系数来反映。

（3）梁端局部受压时，由于梁的挠度变形和支承处砌体的压缩变形，梁端的有效支承长度将不同于实际支承长度，梁端下砌体为非均匀局部受压，需考虑压应力图形的完整性。在承载力计算时还需考虑"内拱作用"对砌体局部受压的有利影响。当梁端局部受压承载力不满足要求时，应设置刚性垫块或垫梁。

（4）砌体受拉、受弯构件的承载力按材料力学公式进行计算。砌体沿水平通缝或阶梯截面破坏时的受剪承载力，与砌体的抗剪强度及作用在砌体上的正应力的大小有关。

<h2 style="text-align:center">思　考　题</h2>

3.1　砌体构件受压承载力计算中，系数 φ 表示什么意义？与哪些因素有关？

3.2　受压构件中为什么要控制轴向力偏心距？《规范》规定限值是多少？设计中如超过该限值时，可采取什么措施进行调整？

3.3　砌体局部受压可能发生哪几种破坏形态？为什么砌体局部抗压强度有较大程度的提高？

3.4　什么是砌体局部抗压强度提高系数？它与哪些因素有关？《规范》为什么对其取值给以限制？

3.5　什么是梁端砌体的内拱作用？在什么情况下应考虑内拱作用？

3.6　什么是梁端有效支承长度？如何计算？

3.7　当梁端支承处砌体局部受压承载力不满足要求时，可采取哪些措施？

3.8　砌体受弯构件和受剪构件在计算受剪承载力时有何不同？

<h2 style="text-align:center">习　题</h2>

3.1　一截面尺寸为 $b \times h = 490\text{mm} \times 620\text{mm}$ 无筋砌体砖柱，计算高度为 $H_0 = 7.2\text{m}$，采

用 MU10 烧结普通砖和 M5 混合砂浆砌筑，施工质量控制等级为 B 级，柱顶截面承受轴心压力设计值 $N=300$kN。试验算该柱的承载力是否满足要求？

3.2　一截面尺寸为 $b \times h=370\text{mm} \times 490\text{mm}$ 砖柱，计算高度为 $H_0=3.3$m，采用 MU10 蒸压灰砂砖和 M5 水泥砂浆砌筑，施工质量控制等级为 B 级，承受轴向压力设计值 $N=150$kN，弯矩设计值 $M=20$kN·m（沿长边方向）。试验算该柱的承载力是否满足要求？

3.3　某单层厂房纵墙窗间墙截面尺寸如图 3.21 所示，计算高度为 $H_0=7.2$m，采用 MU10 烧结普通砖和 M5 混合砂浆砌筑，施工质量控制等级为 B 级，承受轴向压力设计值 $N=300$kN，弯矩设计值 $M=25$kN·m（偏心压力偏向肋部）。试验算该窗间墙的承载力是否满足要求？

3.4　某窗间墙截面尺寸为 $1000\text{mm} \times 240\text{mm}$，采用 MU10 混凝土砌块和 M5 混合砂浆砌筑，施工质量控制等级为 B 级，墙上支承钢筋混凝土梁，支承长度为 240mm，梁截面尺寸 $b \times h=200\text{mm} \times 450\text{mm}$，梁端支承压力的设计值为 50kN，上部荷载传来轴向力设计值为 120kN，试验算梁端局部受压承载力。

3.5　截面尺寸为 $b \times h=200\text{mm} \times 550\text{mm}$ 钢筋混凝土梁，支承在带壁柱的窗间墙上，截面尺寸如图 3.22 所示，支承长度 $a=370$mm，梁端荷载设计值产生的支座反力 $N_l=100$kN，梁底墙体截面由上部荷载产生的轴向力设计值为 180kN，窗间墙采用 MU10 烧结普通砖和 M5 混合砂浆砌筑，施工质量控制等级为 B 级。试验算梁端支承处砌体的局部受压承载力。如不满足要求，试设置预制刚性垫块使其满足局部受压承载力要求。

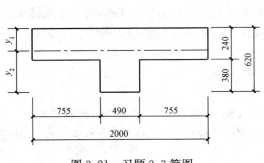

图 3.21　习题 3.3 简图

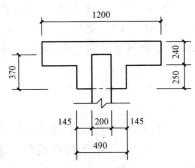

图 3.22　习题 3.5 简图

第4章 配筋砌体构件承载力的计算

4.1 网状配筋砖砌体构件

在砌体中配置钢筋可以增强砌体构件的承载力和变形能力，改善砌体结构的抗震性能。根据块体材料的不同，配筋砌体构件可分为配筋砖砌体构件和配筋砌块砌体构件。常见的配筋砖砌体构件有两类：一类是网状配筋砖砌体构件，一类是组合砖砌体构件。

在砖砌体的水平灰缝内设置钢筋网以共同工作，称为网状配筋砖砌体。目前，工程中网状配筋砖砌体常用的钢筋网为矩形或方形（图4.1）。

4.1.1 网状配筋砖砌体构件的受压性能

试验研究表明，网状配筋砖砌体的轴心受压破坏过程、破坏特征均与无筋砌体有很大差别。当加载至单块砖出现第一批竖向裂缝时，相当于破坏荷载的 $60\% \sim 75\%$，比无筋砌体的高；继续加载，由于横向网

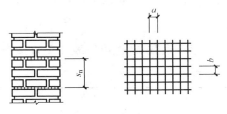

图4.1 网状配筋砌体

状钢筋的存在，竖向裂缝发展很缓慢，裂缝均在横向钢筋之间，不能沿砌体高度方向形成贯通裂缝；达到破坏荷载时，部分砖严重脱落或被压碎（图4.2），这与无筋砌体被竖向裂缝分割成几个小柱失稳破坏完全不同。

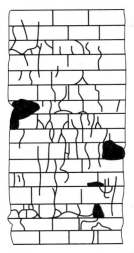

图4.2 网状配筋砖砌体
构件的受压破坏

从工作机理来看，网状配筋砖砌体在轴向压力作用下，砖砌体发生纵向压缩变形，同时也产生横向变形，由于摩擦力和砂浆的粘结力，被粘结在水平灰缝里的钢筋网片和砌体共同工作。钢筋可以阻止砌体在纵向受压时横向变形的发展，当砌体受压出现竖向裂缝后，钢筋网片可以起到横向拉结的作用，使被纵向裂缝分割的砌体小柱不至于贯通和失稳破坏，从而大大提高了砌体的承载力。

4.1.2 网状配筋砖砌体受压构件承载力的计算

一、网状配筋砖砌体的抗压强度

配筋砖砌体中，由于钢筋网片的约束作用，提高了砖砌体的抗压强度。网状配筋砖砌体的抗压强度设计值表达式为

$$f_n = f + 2\left(1 - \frac{2e}{y}\right)\rho f_y \tag{4.1}$$

$$\rho = \frac{(a+b)A_s}{abs_n} \tag{4.2}$$

式中 f_n——网状配筋砖砌体的抗压强度设计值；

$\quad\quad f$——砌体的抗压强度设计值；

$\quad\quad e$——轴向力的偏心距；

ρ——体积配筋率；

f_y——钢筋的抗拉强度设计值，当 f_y 大于 320MPa 时，仍采用 320MPa；

a，b——钢筋网的网格尺寸；

A_s——钢筋的截面面积；

s_n——钢筋网的竖向间距。

二、网状配筋砖砌体受压构件承载力的影响系数

高厚比 β、配筋率 ρ 和轴向力的偏心距 e 对承载力的影响，可以采用网状配筋砖砌体受压构件承载力的影响系数 φ_n 来考虑

$$\varphi_n = \frac{1}{1 + 12 \times \left[\dfrac{e}{h} + \sqrt{\dfrac{1}{12}\left(\dfrac{1}{\varphi_{0n}} - 1\right)}\right]^2} \tag{4.3}$$

式中　φ_{0n}——网状配筋砖砌体受压构件的稳定系数，按式（4.4）计算

$$\varphi_{0n} = \frac{1}{1 + (0.0015 + 0.45\rho)\beta^2} \tag{4.4}$$

影响系数 φ_n 也可按表 4.1 直接查取。

表 4.1　　　　　　　　　　影响系数 φ_n

ρ（%）	β \ e/h	0	0.05	0.10	0.15	0.17
0.1	4	0.97	0.89	0.78	0.67	0.63
	6	0.93	0.84	0.73	0.62	0.58
	8	0.89	0.78	0.67	0.57	0.53
	10	0.84	0.72	0.62	0.52	0.48
	12	0.78	0.67	0.56	0.48	0.44
	14	0.72	0.61	0.52	0.44	0.41
	16	0.67	0.56	0.47	0.40	0.37
0.3	4	0.96	0.87	0.76	0.65	0.61
	6	0.91	0.80	0.69	0.59	0.55
	8	0.84	0.74	0.62	0.53	0.49
	10	0.78	0.67	0.56	0.47	0.44
	12	0.71	0.60	0.51	0.43	0.40
	14	0.64	0.54	0.46	0.38	0.36
	16	0.58	0.49	0.41	0.35	0.32
0.5	4	0.94	0.85	0.74	0.63	0.59
	6	0.88	0.77	0.66	0.56	0.52
	8	0.81	0.69	0.59	0.50	0.46
	10	0.73	0.62	0.52	0.44	0.41
	12	0.65	0.55	0.46	0.39	0.36
	14	0.58	0.49	0.41	0.35	0.32
	16	0.51	0.43	0.36	0.31	0.29

ρ（%）	$\dfrac{e/h}{\beta}$	0	0.05	0.10	0.15	0.17
0.7	4	0.93	0.83	0.72	0.61	0.57
	6	0.86	0.75	0.63	0.53	0.50
	8	0.77	0.66	0.56	0.47	0.43
	10	0.68	0.58	0.49	0.41	0.38
	12	0.60	0.50	0.42	0.36	0.33
	14	0.52	0.44	0.37	0.31	0.30
	16	0.46	0.38	0.33	0.28	0.26
0.9	4	0.92	0.82	0.71	0.60	0.56
	6	0.83	0.72	0.61	0.52	0.48
	8	0.73	0.63	0.53	0.45	0.42
	10	0.64	0.54	0.46	0.38	0.36
	12	0.55	0.47	0.39	0.33	0.31
	14	0.48	0.40	0.34	0.29	0.27
	16	0.41	0.35	0.30	0.25	0.24
1.0	4	0.91	0.81	0.70	0.59	0.55
	6	0.82	0.71	0.60	0.51	0.47
	8	0.72	0.61	0.52	0.43	0.41
	10	0.62	0.53	0.44	0.37	0.35
	12	0.54	0.45	0.38	0.32	0.30
	14	0.46	0.39	0.33	0.28	0.26
	16	0.39	0.34	0.28	0.24	0.23

三、受压承载力计算公式

网状配筋砖砌体受压构件的承载力应按下列公式计算

$$N \leqslant \varphi_n f_n A \tag{4.5}$$

式中　N——轴向力设计值；

　　　A——截面面积。

4.1.3　网状配筋砖砌体构件的适用范围和构造要求

一、适用范围

（1）偏心距超过截面核心范围，对于矩形截面即 $e/h > 0.17$ 时或偏心距虽未超过截面核心范围，但构件的高厚比 $\beta > 16$ 时，不宜采用网状配筋砖砌体构件；

（2）对于矩形截面构件，当轴向力偏心方向的截面边长大于另一方向的边长时，除按偏心受压计算外，还应对较小边长方向按轴心受压进行验算；

（3）当网状配筋砖砌体构件下端与无筋砌体交接时，尚应验算交接处无筋砌体的局部受压承载力。

二、构造要求

网状配筋砖砌体构件的构造应符合下列规定：

（1）网状配筋砖砌体中的体积配筋率，不应小于 0.1%，并不应大于 1%；

（2）采用钢筋网时，钢筋的直径宜采用 3～4mm；

（3）钢筋网中钢筋的间距，不应大于 120mm，并不应小于 30mm；

（4）钢筋网的竖向间距，不应大于五皮砖，并不应大于 400mm；

（5）网状配筋砖砌体所用的砂浆强度等级不应低于 M7.5；钢筋网应设置在砌体的水平灰缝中，灰缝厚度应保证钢筋上下至少各有 2mm 厚的砂浆层。

【例 4.1】 已知一网状配筋砖柱，截面尺寸为 $370mm \times 490mm$，计算高度 $H_0 = 4.2m$，承受轴向力设计值 $N = 160kN$，沿长边方向的弯矩设计值 $M = 10kN \cdot m$，采用 MU10 烧结普通砖、M5 混合砂浆砌筑，网状配筋采用 $\phi 6$ 焊接网片，$A_s = 28.3mm^2$，$f_y = 270N/mm^2$，钢筋网格尺寸 $a = b = 50mm$，钢筋网竖向间距 $s_n = 260mm$，试验算砖柱的承载力。

解　（1）沿长边方向的承载力验算。

查表 2.7 得 $f = 1.5N/mm^2$。

由于 $f_y = 270N/mm^2 < 320N/mm^2$，取 $f_y = 270N/mm^2$。

$$e = \frac{M}{N} = \frac{10}{160} = 0.0625m = 63mm$$

$\frac{e}{h} = \frac{63}{490} = 0.128 < 0.17$，满足网状配筋砖砌体构件的使用条件。

$\rho = \frac{(a+b)A_s}{abs_n} = \frac{(50+50) \times 28.3}{50 \times 50 \times 260} = 0.004 = 0.4\% > 0.1\%$，满足最小配筋率的条件。

$$A = 0.37 \times 0.49 = 0.181mm^2 < 0.2mm^2$$

所以砌体强度设计值的调整系数为

$$\gamma_a = A + 0.8 = 0.981$$

网状配筋砖柱的抗压强度设计值为

$$f_n = f + 2\left(1 - \frac{2e}{y}\right)\rho f_y = 1.5 + 2 \times \left(1 - \frac{2 \times 63}{245}\right) \times 0.4\% \times 270 = 2.55N/mm^2$$

故修正后的抗压强度设计值为

$$f_n = 0.981 \times 2.55 = 2.50N/mm^2$$

$$\beta = \frac{H_0}{h} = \frac{4200}{490} = 8.57 < 16$$

则 $\varphi_{0n} = \dfrac{1}{1 + (0.0015 + 0.45\rho)\beta^2} = \dfrac{1}{1 + (0.0015 + 0.45 \times 0.4\%) \times 8.57^2} = 0.997$

$$\varphi_n = \frac{1}{1 + 12 \times \left[\frac{e}{h} + \sqrt{\frac{1}{12}\left(\frac{1}{\varphi_{0n}} - 1\right)}\right]^2} = \frac{1}{1 + 12 \times \left[0.128 + \sqrt{\frac{1}{12}\left(\frac{1}{0.997} - 1\right)}\right]^2} = 0.801$$

$$\varphi_n f_n A = 0.801 \times 2.50 \times 0.181 \times 10^3 = 362.45kN > N = 160kN$$

故长边方向的承载力满足要求。

（2）沿短边方向按轴心受压验算。

$$\beta = \frac{H_0}{b} = \frac{4200}{370} = 11.35$$

查表 4.1 得 $\varphi_n = 0.78$。

$$f_n = f + 2\left(1 - \frac{2e}{y}\right)\rho f_y = 1.5 + 2 \times (1 - 0) \times 0.4\% \times 270 = 3.66N/mm^2$$

$$\varphi_n \gamma_a f_n A = 0.78 \times 0.981 \times 3.66 \times 0.181 \times 10^3 = 507.74\text{kN} > N = 160\text{kN}$$

故短边方向的承载力满足要求。

4.2　组合砖砌体构件

组合砖砌体构件可分为两种形式，一是砖砌体和钢筋混凝土面层或钢筋砂浆面层组成的组合砖砌体构件；一是砖砌体和钢筋混凝土构造柱组成的组合砖墙。组合砖砌体不但能提高砌体的抗压能力，而且能显著提高其抗弯能力和变形能力，具有和钢筋混凝土构件相近的性能。

4.2.1　砖砌体和钢筋混凝土面层或钢筋砂浆面层的组合砌体构件

当轴向力的偏心距 e 超过 $0.6y$，y 为截面重心到轴向力所在偏心方向截面边缘的距离，此时，无筋砌体已不再适用，宜采用砖砌体和钢筋混凝土面层或钢筋砂浆面层组成的组合砖砌体构件（图 4.3）。

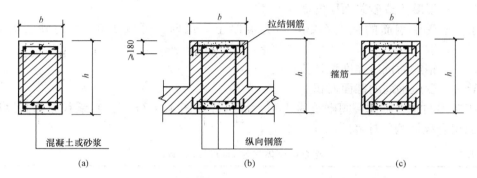

图 4.3　砖砌体和钢筋混凝土面层或钢筋砂浆面层的组合砌体构件

一、组合砖砌体的受压性能

试验研究表明，不管是轴压组合砖柱还是偏压组合砖柱，其变形和破坏特征都与钢筋混凝土柱非常类似。

在轴心压力作用下，组合砖柱的混凝土面层与砌体结合处出现第一批裂缝；随着荷载的增大，砌体内也逐渐出现竖向裂缝。由于钢筋混凝土面层对砖砌体的约束作用，砌体内裂缝的发展较缓慢。由于钢筋的屈服应变（$\varepsilon_y = 0.0011 \sim 0.0016$）小于混凝土（$\varepsilon_c = 0.0015 \sim 0.002$）和砌体（$\varepsilon_m = 0.002 \sim 0.004$）的极限压应变，随着荷载的不断增大，钢筋首先受压屈服，然后面层混凝土达到其抗压强度，最后，面层混凝土被压碎而导致构件的破坏。一般的，破坏时砖砌体的应力未到达其抗压强度。若定义组合砖柱破坏时截面中砖砌体的应力与砖砌体的极限强度之比为砖砌体的强度系数，则对于钢筋混凝土面层的组合砌体，该强度系数的平均值为 0.945，对于砂浆面层的组合砌体，该强度系数的平均值为 0.93。

在偏心受压的情况下，组合砖砌体小偏心受压构件是由于压应力较大边的混凝土或砂浆被压碎而破坏；组合砖砌体大偏心受压构件是由于受拉区钢筋先达到屈服强度，而后受压区的混凝土或砂浆被压碎而破坏。

由于组合砖柱的破坏特征与钢筋混凝土柱类似，因此其最大承载力可参照钢筋混凝土柱的有关公式进行计算。

二、组合砖砌体受压构件承载力计算

根据轴向力作用位置的不同，组合砖砌体受压构件可分为轴心受压和偏心受压两种情况。

（一）轴心受压构件承载力计算

组合砖砌体轴心受压构件的承载力应按下式计算

$$N \leqslant \varphi_{\text{com}}(fA + f_c A_c + \eta_s f_y' A_s') \tag{4.6}$$

式中　N——轴向力设计值；

　　　φ_{com}——组合砖砌体构件的稳定系数，可按表 4.2 采用；

　　　f——砌体的抗压强度设计值；

　　　A——砖砌体的截面面积；

　　　f_c——混凝土或面层水泥砂浆的轴心抗压强度设计值，砂浆的轴心抗压强度设计值可取为同强度等级混凝土的轴心抗压强度设计值的 70%，当砂浆为 M15 时，取 5.0MPa，当砂浆为 M10 时，取 3.4MPa，当砂浆为 M7.5 时，取 2.5MPa；

　　　A_c——混凝土或砂浆面层的截面面积；

　　　η_s——受压钢筋的强度系数，当为混凝土面层时，可取 1.0，当为砂浆面层时可取 0.9；

　　　f_y'——钢筋的抗压强度设计值；

　　　A_s'——受压钢筋的截面面积。

对于砖墙与组合砌体一同砌筑的 T 形截面构件〔图 4.3（b）〕，其承载力和高厚比可按矩形截面组合砌体构件计算〔图 4.3（c）〕。

表 4.2			组合砖砌体构件的稳定系数 φ_{com}			
高厚比 β	配筋率 $\rho(\%)$					
	0	0.2	0.4	0.6	0.8	$\geqslant 1.0$
8	0.91	0.93	0.95	0.97	0.99	1.00
10	0.87	0.90	0.92	0.94	0.96	0.98
12	0.82	0.85	0.88	0.91	0.93	0.95
14	0.77	0.80	0.83	0.86	0.89	0.92
16	0.72	0.75	0.78	0.81	0.84	0.87
18	0.67	0.70	0.73	0.76	0.79	0.81
20	0.62	0.65	0.68	0.71	0.73	0.75
22	0.58	0.61	0.64	0.66	0.68	0.70
24	0.54	0.57	0.59	0.61	0.63	0.65
26	0.50	0.52	0.54	0.56	0.58	0.60
28	0.46	0.48	0.50	0.52	0.54	0.56

注　组合砖砌体构件截面的配筋率 $\rho = \dfrac{A_s'}{bh}$。

（二）偏心受压构件承载力计算

组合砖砌体偏心受压构件的承载力应按下式计算

$$N \leqslant fA' + f_c A_c' + \eta_s f_y' A_s' - \sigma_s A_s \tag{4.7}$$

或

$$Ne_N \leqslant fS_s + f_cS_{c,s} + \eta_s f'_y A'_s (h_0 - a'_s) \tag{4.8}$$

此时受压区的高度 x 可按下列公式确定

$$fS_N + f_cS_{c,N} + \eta_s f'_y A'_s e'_N - \sigma_s A_s e_N = 0 \tag{4.9}$$

$$e_N = e + e_a + \left(\frac{h}{2} - a_s\right) \tag{4.10}$$

$$e'_N = e + e_a - \left(\frac{h}{2} - a'_s\right) \tag{4.11}$$

$$e_a = \frac{\beta^2 h}{2200}(1 - 0.022\beta) \tag{4.12}$$

式中　A'——砖砌体受压部分的面积；

A'_c——混凝土或砂浆面层受压部分的面积；

σ_s——钢筋 A_s 的应力；

A_s——距轴向力 N 较远一侧钢筋的截面面积；

A'_s——距轴向力 N 较近一侧钢筋的截面面积；

S_s——砖砌体受压部分的面积对钢筋 A_s 重心的面积矩；

$S_{c,s}$——混凝土或砂浆面层受压部分的面积对钢筋 A_s 重心的面积矩；

S_N——砖砌体受压部分的面积对轴向力 N 作用点的面积矩；

$S_{c,N}$——混凝土或砂浆面层受压部分的面积对轴向力 N 作用点的面积矩；

e_N，e'_N——分别为钢筋 A_s 和 A'_s 重心至轴向力 N 作用点的距离（图 4.4）；

　　　e——轴向力的初始偏心距，按荷载设计值计算，当 e 小于 $0.05h$ 时，应取 e 等于 $0.05h$；

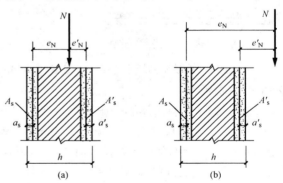

　　　e_a——组合砖砌体构件在轴向力作用下的附加偏心距；

　　　h_0——组合砖砌体构件截面的有效高度，取 $h_0 = h - a_s$；

a_s，a'_s——钢筋 A_s 和 A'_s 重心至截面较近边的距离。

图 4.4　组合砖砌体偏心受压构件

(a) 小偏心受压；(b) 大偏心受压

组合砖砌体钢筋 A_s 的应力（单位为 MPa，正值为拉应力，负值为压应力）可按下列规定计算。

小偏心受压时，即 $\xi > \xi_b$

$$\sigma_s = 650 - 800\xi \tag{4.13}$$

$$-f'_y \leqslant \sigma_s \leqslant f_y \tag{4.14}$$

大偏心受压时，即 $\xi \leqslant \xi_b$

$$\sigma_s = f_y \tag{4.15}$$

$$\xi = \frac{x}{h_0} \tag{4.16}$$

式中　ξ——组合砖砌体构件截面受压区的相对高度；

ξ_b——组合砖砌体构件受压区相对高度的界限值，对于 HRB400 级钢筋，应取 0.36，对于 HRB335 级钢筋，应取 0.44，对于 HPB300 级钢筋，应取 0.47；

f_y——钢筋抗拉强度设计值。

三、组合砖砌体构件的构造要求

组合砖砌体构件的构造应符合以下规定：

（1）面层混凝土强度等级宜采用 C20，面层水泥砂浆强度等级不宜低于 M10，砌筑砂浆的强度等级不宜低于 M7.5。

（2）砂浆面层的厚度，可采用 30～45mm。当面层厚度大于 45mm 时，其面层宜采用混凝土。

（3）竖向受力钢筋宜采用 HPB300 级钢筋，对于混凝土面层，亦可采用 HRB335 级钢筋。受压钢筋一侧的配筋率，对砂浆面层，不宜小于 0.1%，对混凝土面层，不宜小于 0.2%。受拉钢筋的配筋率，不应小于 0.1%。竖向受力钢筋的直径，不应小于 8mm，钢筋的净间距，不应小于 30mm。

（4）箍筋的直径，不宜小于 4mm 及 0.2 倍的受压钢筋直径，并不宜大于 6mm。箍筋的间距，不应大于 20 倍受压钢筋的直径及 500mm，并不应小于 120mm。

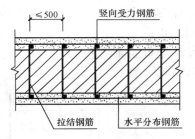

图 4.5　混凝土或砂浆面层组合墙

（5）当组合砖砌体构件一侧的竖向受力钢筋多于 4 根时，应设置附加箍筋或拉结钢筋。

（6）对于截面长短边相差较大的构件如墙体等，应采用穿通墙体的拉结钢筋作为箍筋，同时设置水平分布钢筋。水平分布钢筋的竖向间距及拉结钢筋的水平间距，均不应大于 500mm（图 4.5）。

（7）组合砖砌体构件的顶部及底部，以及牛腿部位，必须设置钢筋混凝土垫块。竖向受力钢筋伸入垫块的长度，必须满足锚固要求。

【例 4.2】　某单向偏心受压混凝土面层组合砖柱（图 4.6），截面尺寸为 490mm×620mm，柱计算高度 $H_0=7.2$m，承受轴向力设计值 $N=400$kN，沿长边方向的弯矩设计值 $M=180$kN·m，采用 MU10 烧结普通砖、M7.5 混合砂浆砌筑，面层混凝土强度等级为 C20（$f_c=9.6$N/mm²）。采用对称配筋，HRB335 级钢筋（$f_y=f_y'=300$N/mm²），求竖向钢筋面积 A_s、A_s'。

解　查表 2.7 得，$f=1.69$N/mm²。

混凝土截面面积为

$$A_c = 2 \times 120 \times 250 = 60\,000\text{mm}^2$$

混凝土受压部分截面面积为

$$A_c' = 120 \times 250 = 30\,000\text{mm}^2$$

$$h_0 = h - a_s = 620 - 35 = 585\text{mm}$$

因为 $e = \dfrac{M}{N} = \dfrac{180}{400} = 0.450$m $= 450$mm，与

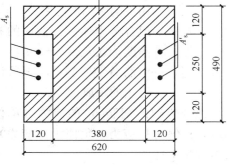

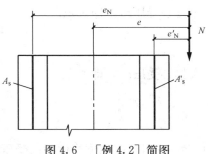

图 4.6　［例 4.2］简图

$0.05h$ 相比较大，故可假定柱为大偏心受压，纵向受拉、受压钢筋均达到屈服，即 $\sigma_s = f_y$。由于是对称配筋，根据式（4.7）得

$$fA' + f_c A'_c = 1.69 \times (490x - 30\,000) + 9.6 \times 30\,000 = N = 400\,000$$

解得 $x = 172\text{mm}$。

$$\xi = \frac{x}{h_0} = \frac{172}{585} = 0.294 < \xi_b = 0.44$$

因此，大偏心受压的假定成立。

混凝土面层受压部分对钢筋 A_s 重心的面积矩为

$$S_{c,s} = b_c h_c \left(h_0 - \frac{h_c}{2} \right) = 250 \times 120 \left(585 - \frac{120}{2} \right)$$
$$= 15.75 \times 10^6 \text{mm}^3$$

砌体受压部分对受拉钢筋 A_s 重心的面积矩为

$$S_s = bx \left(h_0 - \frac{x}{2} \right) - S_{c,s}$$
$$= 490 \times 172 \times \left(585 - \frac{172}{2} \right) - 15.75 \times 10^6$$
$$= 26.31 \times 10^6 \text{mm}^3$$
$$\beta = \frac{H_0}{h} = \frac{7200}{620} = 11.6$$

由式（4.12）得附加偏心距为

$$e_a = \frac{\beta^2 h}{2200} (1 - 0.022\beta)$$
$$= \frac{11.6^2 \times 620}{2200} \times (1 - 0.022 \times 11.6) = 28\text{mm}$$

由式（4.10）得钢筋 A_s 重心至轴向力 N 作用点的距离为

$$e_N = e + e_a + \left(\frac{h}{2} - a_s \right) = 450 + 28.28 + \left(\frac{620}{2} - 35 \right) = 753\text{mm}$$

由式（4.8）得

$$A'_s = \frac{N e_N - f S_s - f_c S_{c,s}}{\eta_s f'_y (h_0 - a'_s)}$$
$$= \frac{400\,000 \times 753 - 1.69 \times 26.31 \times 10^6 - 9.6 \times 15.75 \times 10^6}{1.0 \times 300 \times (585 - 35)} = 640\text{mm}^2$$

选用 3 Φ 18，实际配筋面积 $A_s = A'_s = 763\text{mm}^2$。

$$\rho = \frac{A_s}{bh} = \frac{763}{490 \times 620} = 0.25\% > 0.2\%$$

满足要求。

4.2.2　砖砌体和钢筋混凝土构造柱组合墙

在砌体结构中，由于抗震上的构造要求，往往要在砌体中设置钢筋混凝土构造柱与圈梁。构造柱和圈梁形成"弱框架"，可以加强墙体的整体性，增加墙体的延性。在荷载作用下，构造柱和墙体共同工作并分担墙体上的荷载。

砖混结构墙体设计中，如果砖砌体的受压承载力不足而墙体的截面尺寸又受到限制，可采用砖砌体和钢筋混凝土构造柱组成的组合砖墙，或称组合砖墙，如图 4.7 所示。

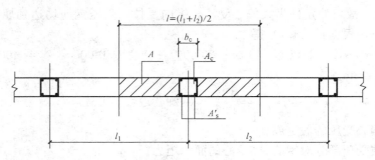

图 4.7　砖砌体和构造柱组合墙

一、组合砖墙的受压性能

试验研究和有限元分析结果表明，组合砖墙的受压破坏过程经历了三个阶段。

在竖向荷载较小时，组合砖墙处于弹性阶段，墙体截面的竖向压应力为上部大，下部小；构造柱之间的截面压应力为中部大，两边小。荷载继续增大，在构造柱之间的中部墙体出现竖向裂缝，并逐渐向构造柱的柱脚发展，此时，构造柱分担了越来越多的荷载。随着荷载的进一步增大，墙体内的裂缝进一步增多和延伸，并逐渐贯通。最后裂缝穿过构造柱柱脚，构造柱内钢筋受压屈服，混凝土被压碎，同时构造柱之间中部的墙体也受压破坏。

分析结果表明，构造柱的间距是影响组合砖墙承载力的最主要因素。当构造柱的间距为 2m 左右时，构造柱的作用可得到较好的发挥；当间距大于 4m 时，构造柱对组合墙受压承载力的影响很小。

二、组合砖墙轴心受压承载力计算

对于组合砖墙的轴心受压承载力可采用组合砖砌体轴心受压构件的承载力计算公式，并引入强度系数 η 考虑两者之间的差别。

组合砖墙的轴心受压承载力应按下列公式计算

$$N \leqslant \varphi_{\text{com}}\big[fA + \eta(f_{\text{c}}A_{\text{c}} + f'_{\text{y}}A'_{\text{s}})\big] \tag{4.17}$$

$$\eta = \left(\frac{1}{\dfrac{l}{b_{\text{c}}} - 3}\right)^{\frac{1}{4}} \tag{4.18}$$

式中　　N——轴向力设计值；

φ_{com}——组合砖墙的稳定系数，可按表 4.2 采用；

η——强度系数，当 l/b_{c} 小于 4 时取 l/b_{c} 等于 4；

l——沿墙长方向构造柱的间距；

b_{c}——沿墙长方向构造柱的宽度；

A——扣除孔洞和构造柱的砖砌体截面面积；

A_{c}——构造柱的截面面积。

三、组合砖墙平面外偏心受压承载力计算

对砖砌体和钢筋混凝土构造柱组合墙进行平面外偏心受压承载力计算时，构件的弯矩或偏心距，可按刚性方案房屋的静力计算方法确定；构造柱的纵向钢筋，可按 4.2.1 节组合砖砌体偏心受压构件的承载力计算公式确定，但截面宽度应改为构造柱间距 1；大偏心受压时，可不计受压区构造柱混凝土和钢筋的作用，构造柱的计算配筋不应小于本节组合砖墙的

构造要求。

四、组合砖墙的材料和构造要求

组合砖墙的材料和构造应符合以下规定：

（1）砂浆的强度等级不应低于 M5，构造柱的混凝土强度等级不宜低于 C20。

（2）构造柱的截面尺寸不宜小于 240mm×240mm，其厚度不应小于墙厚，边柱、角柱的截面宽度宜适当加大。柱内竖向受力钢筋，对于中柱，钢筋数量不宜小于 4 根，直径不宜小于 12mm；对于边柱、角柱，钢筋数量不宜小于 4 根，直径不宜小于 14mm。构造柱的竖向受力钢筋的直径也不宜大于 16mm。其箍筋，一般部位宜采用Φ6，间距 200mm，楼层上下 500mm 范围内宜采用直径 6mm，间距 100mm。构造柱的竖向受力钢筋应在基础梁和楼层圈梁中锚固，并应符合受拉钢筋的锚固要求。

（3）组合砖墙砌体结构房屋，应在纵横墙交接处、墙端部和较大洞口的洞边设置构造柱，其间距不宜大于 4m。各层洞口宜设置在相应位置，并宜上下对齐。

（4）组合砖墙砌体结构房屋应在基础顶面、有组合墙的楼层处设置现浇钢筋混凝土圈梁。圈梁的截面高度不宜小于 240mm；纵向钢筋数量不宜小于 4 根，直径不宜小于 12mm，纵向钢筋应伸入构造柱内，并应符合受拉钢筋的锚固要求；圈梁的箍筋宜采用 6mm，间距 200mm。

（5）砖砌体与构造柱的连接处应砌成马牙槎，并应沿墙高每隔 500mm 设 2 根直径 6mm 的拉结钢筋，且每边伸入墙内不宜小于 600mm。

（6）构造柱可不单独设置基础，但应伸入室外地坪下 500mm，或与埋深小于 500mm 的基础梁相连。

（7）组合砖墙的施工程序应为先砌墙后浇混凝土构造柱。

【例 4.3】 某砌体结构横墙，墙厚 240mm，已按构造要求在墙内设置钢筋混凝土构造柱，如图 4.8 所示，计算高度 $H_0=3.9$m，墙体采用 MU10 烧结普通砖、M5 混合砂浆砌筑，构造柱采用 4 根 HRB335 级钢筋（$A'_s=615$mm^2，$f_y=f'_y=300$N/mm^2），C20 混凝土（$f_c=9.6$N/mm^2），墙体承受轴向力设计值 $N=345$kN/m，施工质量控制等级为 B 级。试验算该组合砖墙的承载力。

解 在构造柱两侧各取 1/2 间距墙体作为计算截面。

查表 2.7 得，$f=1.5$N/mm^2。

构造柱截面面积为

$$A_c=240×240=57\,600\text{mm}^2$$

砖砌体面积为

$$A=240×(2700-240)=590\,400\text{mm}^2$$
$$\beta=\frac{H_0}{h}=\frac{3900}{240}=16.3$$

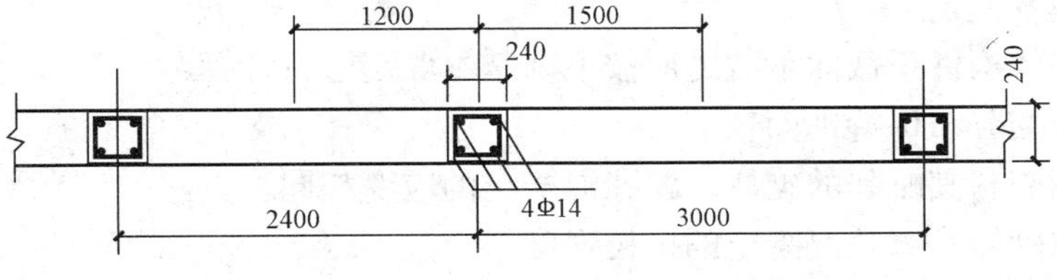

图 4.8　[例 4.3] 简图

$$\rho_{\mathrm{j}} = \frac{A'_{\mathrm{s}}}{bh} = \frac{615}{2700 \times 240} = 0.095\%$$

查表 4.2 得 $\varphi_{\mathrm{com}} = 0.73$。

由 $\dfrac{l}{b_{\mathrm{c}}} = \dfrac{2700}{240} = 11.25 > 4$

则强度系数为

$$\eta = \left(\frac{1}{\dfrac{l}{b_{\mathrm{c}}} - 3} \right)^{\frac{1}{4}} = \left(\frac{1}{11.25 - 3} \right)^{\frac{1}{4}} = 0.59$$

由式（4.17）得组合砖墙的承载力为

$$\varphi_{\mathrm{com}} \left[fA + \eta (f_{\mathrm{c}} A_{\mathrm{c}} + f'_{\mathrm{y}} A'_{\mathrm{s}}) \right]$$
$$= 0.73 \times \left[1.5 \times 590\,400 + 0.59 \times (9.6 \times 57\,600 + 300 \times 615) \right]$$
$$= 964.11 \times 10^3 \mathrm{N} = 964.11 \mathrm{kN} > 345 \times 2.7 = 931.50 \mathrm{kN}$$

故该砖墙的承载力满足要求。

4.3 配 筋 砌 块 砌 体 构 件

　　配筋砌块砌体由于具有较高的抗拉、抗压强度和抗剪强度，以及良好的延性和抗震性能，并且造价较低，节能达标，近年来在我国得到广泛的发展和应用，并逐步应用于抗震设防地区的高层建筑结构中。

　　配筋砌块砌体剪力墙结构的内力与位移，可按弹性方法计算。应根据结构分析所得的内力，分别按轴心受压、偏心受压或偏心受拉构件进行正截面承载力和斜截面承载力计算，并应根据结构分析所得的位移进行变形验算。实际工程中，配筋砌块砌体剪力墙宜采用全部灌芯砌体。

4.3.1 正截面受压承载力计算

一、配筋砌块砌体受压性能

　　试验结果表明，配筋砌块砌体剪力墙轴心受压破坏要经历以下三个阶段。在荷载较小时，砌体和钢筋的应变均很小，构件处于弹性状态；随着荷载的增大，一般在有竖向钢筋的砌体附近出现第一条（批）竖向裂缝。荷载继续增大，裂缝逐步增多、延伸，且主要分布在竖向钢筋之间的砌体内，形成条带状。随着荷载不断增大，墙体竖向裂缝的宽度加大，砌块被分割成若干小块，最后部分砌块被压碎而宣布构件破坏。构件破坏时，墙体内的竖向钢筋一般达到屈服强度，并且由于钢筋的约束作用，虽然有的砌块被压碎，但墙体仍保持较好的整体性。

二、计算基本假定

　　配筋砌块砌体构件正截面承载力应按下列基本假定进行计算：

　　（1）截面应变分布保持平面。

　　（2）竖向钢筋与其毗邻的砌体、灌孔混凝土的应变相同。

　　（3）不考虑砌体、灌孔混凝土的抗拉强度。

　　（4）根据材料选择砌体、灌孔混凝土的极限压应变；当轴心受压时不应大于 0.002；偏心受压时不应大于 0.003。

（5）根据材料选择钢筋的极限拉应变，且不应大于 0.01。

（6）纵向受拉钢筋屈服与受压区砌体破坏同时发生时的相对界限受压区的高度，应按下式计算：

$$\xi_b = \frac{0.8}{1 + \dfrac{f_y}{0.003E_s}}$$

（7）大偏心受压时受拉钢筋考虑在 $h_0 - 1.5x$ 范围内屈服并参与工作。

三、配筋砌块砌体轴心受压承载力计算

轴心受压配筋砌块砌体剪力墙、柱，当配有箍筋或水平分布钢筋时，其正截面受压承载力应按下列公式计算

$$N \leqslant \varphi_{0g}(f_g A + 0.8 f'_y A'_s) \tag{4.19}$$

$$\varphi_{0g} = \frac{1}{1 + 0.001\beta^2} \tag{4.20}$$

式中　N——轴向力设计值；

　　　φ_{0g}——轴心受压构件的稳定系数；

　　　f_g——灌孔砌体的抗压强度设计值，应按式（2.21）、式（2.22）确定；

　　　f'_y——钢筋的抗压强度设计值；

　　　A——构件的毛截面面积；

　　　A'_s——全部竖向钢筋的截面面积；

　　　β——构件的高厚比。

当无箍筋或水平分布钢筋时，仍可按式（4.19）计算，但应使 $f'_y A'_s = 0$。配筋砌块砌体构件的计算高度 H_0 可取层高。

配筋砌块砌体剪力墙，当竖向钢筋仅配在中间时，其平面外偏心受压承载力可按式（3.10）进行计算，但应采用灌孔砌体的抗压强度设计值。

四、配筋砌块砌体剪力墙偏心受压承载力计算

配筋砌块砌体剪力墙偏心受压性能、破坏形态和钢筋混凝土剪力墙偏心受压相似。并且也分为大、小偏心受压两种情况。

大、小偏心受压判别条件为：当 $x \leqslant \xi_b h_0$ 时，按大偏心受压计算；当 $x > \xi_b h_0$ 时，按小偏心受压计算。其中，x 为截面受压区高度；ξ_b 为界限相对受压区高度，对 HPB300 级钢筋取 ξ_b 等于 0.57，对 HRB335 级钢筋取 ξ_b 等于 0.55；对 HRB400 级钢筋取 ξ_b 等于 0.52；h_0 为截面有效高度。

（一）大偏心受压承载力计算

由大偏心受压构件的计算简图（图 4.9）可以建立计算公式，矩形截面大偏心受压时应按下列公式计算

$$N \leqslant f_g bx + f'_y A'_s - f_y A_s - \sum f_{si} A_{si} \tag{4.21}$$

$$Ne_N \leqslant f_g bx \left(h_0 - \frac{x}{2}\right) + f'_y A'_s (h_0 - a'_s) - \sum f_{si} S_{si} \tag{4.22}$$

式中　N——轴向力设计值；

　　　f_g——灌孔砌体的抗压强度设计值；

b——截面宽度；

f_y，f_y'——竖向受拉、受压主筋的抗拉强度设计值；

A_s，A_s'——竖向受拉、受压主筋的截面面积；

f_{si}——竖向分布钢筋的抗拉强度设计值；

A_{si}——单根竖向分面钢筋的截面面积；

S_{si}——第 i 根竖向分布钢筋对竖向受拉主筋的面积矩；

e_N——轴向力作用点到竖向受拉主筋合力点之间的距离，可按式（4.10）计算。

当受压区高度 $x < 2a_s'$ 时，说明受压主筋 A_s' 的数量过多，未达到屈服，可令 $x = 2a_s'$，并对 A_s' 的合力点取矩，则其正截面承载力可按下式近似计算

$$Ne_N' \leqslant f_y A_s (h_0 - a_s') \tag{4.23}$$

式中 e_N'——轴向力作用点到竖向受压主筋合力点之间的距离，可按式（4.11）计算。

（二）小偏心受压承载力计算

由小偏心受压的计算简图（图 4.10）可以建立矩形截面小偏心受压计算公式

$$N \leqslant f_g bx + f_y' A_s' - \sigma_s A_s \tag{4.24}$$

$$Ne_N \leqslant f_g bx \left(h_0 - \frac{x}{2}\right) + f_y' A_s' (h_0 - a_s') \tag{4.25}$$

$$\sigma_s = \frac{f_y}{\xi_b - 0.8}\left(\frac{x}{h_0} - 0.8\right) \tag{4.26}$$

式中符号意义同前。

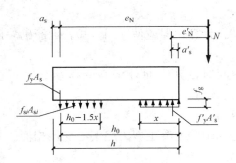

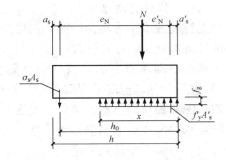

图 4.9　矩形截面大偏心受压构件计算简图　　　图 4.10　矩形截面小偏心受压构件计算简图

当受压区竖向受压主筋无箍筋或无水平钢筋约束时，可不考虑竖向受压主筋的作用，即取 $f_y' A_s' = 0$。

矩形截面对称配筋砌块砌体剪力墙小偏心受压时，也可近似按下式计算钢筋截面面积

$$A_s = A_s' = \frac{Ne_N - \xi(1 - 0.5\xi)f_g bh_0^2}{f_y'(h_0 - a_s')} \tag{4.27}$$

此处，相对受压区高度可按下式计算

$$\xi = \frac{x}{h_0} = \frac{N - \xi_b f_g bh_0}{\dfrac{Ne_N - 0.43 f_g bh_0^2}{(0.8 - \xi_b)(h_0 - a_s')} + f_g bh_0} + \xi_b \tag{4.28}$$

需要说明的是，小偏心受压计算中未考虑竖向分布钢筋的作用。

（三）T 形、倒 L 形截面偏心受压构件承载力计算

T 形、倒 L 形截面偏心受压构件，当翼缘和腹板的相交处采用错缝搭接砌筑和同时设置中距不大于 1.2m 的水平配筋带（截面高度≥60mm，钢筋不少于 2Φ12）时，可考虑翼缘的共同工作，翼缘的计算宽度应按表 4.3 中的最小值采用，其正截面受压承载力应按下列规定计算：

（1）当受压区高度 $x \leqslant h'_f$ 时，应按宽度为 b'_f 的矩形截面计算；

（2）当受压区高度 $x > h'_f$ 时，则应考虑腹板的受压作用，应按下列公式计算。

大偏心受压时（图 4.11），应按下列公式计算

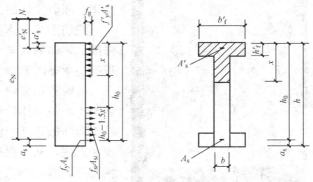

图 4.11　T 形截面偏心受压构件正截面承载力计算简图

$$N \leqslant f_g[bx + (b'_f - b)h'_f] + f'_y A'_s - f_y A_s - \sum f_{si} A_{si} \quad (4.29)$$

$$Ne_N \leqslant f_g\left[bx\left(h_0 - \frac{x}{2}\right) + (b'_f - b)h'_f\left(h_0 - \frac{h'_f}{2}\right)\right] + f'_y A'_s(h_0 - a'_s) - \sum f_{si} S_{si} \quad (4.30)$$

式中　b'_f——T 形、L 形、I 形截面受压区的翼缘计算宽度；

h'_f——T 形、L 形、I 形截面受压区的翼缘高度。

表 4.3　　　　　T 形、L 形、I 形截面偏心受压构件翼缘计算宽度 b'_f

考虑情况	T、I 形截面	倒 L 形截面
按构件计算高度 H_0 考虑	$H_0/3$	$H_0/6$
按腹板间距 L 考虑	L	$L/2$
按翼缘厚度 h'_f 考虑	$b + 12h'_f$	$b + 6h'_f$
按翼缘的实际宽度 b'_f 考虑	b'_f	b'_f

小偏心受压时，应按下列公式计算

$$N \leqslant f_g[bx + (b'_f - b)h'_f] + f'_y A'_s - \sigma_s A_s \quad (4.31)$$

$$Ne_N \leqslant f_g\left[bx\left(h_0 - \frac{x}{2}\right) + (b'_f - b)h'_f\left(h_0 - \frac{h'_f}{2}\right)\right] + f'_y A'_s(h_0 - a'_s) \quad (4.32)$$

4.3.2　斜截面受剪承载力计算

一、受剪性能分析

试验研究表明，在低周反复水平荷载作用下，配筋砌块剪力墙的工作过程经历了三个阶段。刚开始加载时，试件处于弹性状态，滞回曲线接近于线性变化。随着荷载的增大，试件逐渐表现出一定的塑性，滞回曲线呈环形；当加载到 0.7～0.8 倍的最大荷载时，试件底皮水平灰缝先开裂，继续加载，墙体逐渐出现斜裂缝，且先出现的水平裂缝沿阶梯形向上发展，墙体顶部也出现沿阶梯形向下发展的裂缝，并逐步形成多而细的交叉斜裂缝。荷载继续增大，墙体裂缝形成贯通的交叉主斜裂缝，裂缝宽度较大，试件破坏。图 4.12 所示为哈尔滨工业大学通过试验研究得到的配筋砌块剪力墙的受剪破坏形态图。

在反复水平荷载作用下，配筋砌块砌体剪力墙的受剪斜裂缝多而细且分布较均匀。破坏

图 4.12　配筋砌块剪力墙的
受剪破坏形态

虽然呈明显脆性，但破坏时没有压溃、崩裂，这是由于墙体内的纵横向配筋改善了砌块墙体的变形性能。配筋砌块砌体的延性比无筋砌体有明显的提高，其延性系数（极限位移与屈服位移的比值）可达到 2～3。

配筋砌块砌体剪力墙的抗剪承载力主要与砌体的抗剪强度、墙体的高宽比或剪跨比、墙体上的压应力大小及体积配筋率等因素有关。

剪跨比是影响剪力墙承载力和破坏形态的重要因素。剪跨比小的墙体趋于剪切破坏，剪跨比或高宽比大的墙体趋于弯曲破坏。墙体上压应力的存在可以延缓斜裂缝的出现和发展，从而提高砌体的受剪承载力。在轴压比不大的情况下，墙体的抗剪能力随墙体上压应力的增大而增大。墙体内钢筋的存在，有利于截面应力均匀分布，还起到延缓裂缝发展的作用。试验表明，配筋率 $\rho = 0.03\%\sim$ 0.17%时，墙体抗剪承载力较无筋墙体可提高 $5\%\sim25\%$。

水平配筋过多，并不能显著提高墙体的抗剪能力。配筋过少，承载能力提高有限。为了有效地发挥水平配筋的作用，其体积配筋率宜取 $0.07\%\sim0.17\%$。竖向钢筋在剪切破坏中的作用不大，故在墙体受剪承载力计算时，通常忽略竖向钢筋的作用。

二、斜截面受剪承载力计算

偏心受压和偏心受拉配筋砌块砌体剪力墙，其斜截面受剪承载力应根据下列情况进行计算。

（一）截面尺寸限制条件

剪力墙的截面应满足下列要求

$$V \leqslant 0.25 f_g b h_0 \tag{4.33}$$

式中　V——剪力墙的剪力设计值；

　　b——剪力墙的截面宽度或 T 形、倒 L 形截面的腹板宽度；

　　h_0——剪力墙截面有效高度。

（二）偏心受压剪力墙斜截面受剪承载力

剪力墙在偏心受压时的斜截面受剪承载力应按下列公式计算

$$V \leqslant \frac{1}{\lambda - 0.5}\left(0.6 f_{vg} b h_0 + 0.12 N \frac{A_w}{A}\right) + 0.9 f_{yh} \frac{A_{sh}}{s} h_0 \tag{4.34}$$

$$\lambda = \frac{M}{V h_0} \tag{4.35}$$

式中　f_{vg}——灌孔砌体抗剪强度设计值，应按式（2.23）确定；

M、N、V——计算截面的弯矩、轴力和剪力设计值，当 $N > 0.25 f_g A$ 时取 $N = 0.25 f_g b h$；

　　A——剪力墙的截面面积，其中翼缘的有效面积，可按表 4.4 的规定确定；

　　A_w——T 形或倒 L 形截面腹板的截面面积，对矩形截面取 A_w 等于 A；

　　λ——计算截面的剪跨比，当 λ 小于 1.5 时取 1.5，当 λ 大于 2.2 时取 2.2；

　　h_0——剪力墙截面的有效高度；

A_{sh}——配置在同一截面内的水平分布钢筋或网片的全部截面面积；

s——水平分布钢筋的竖向间距；

f_{yh}——水平钢筋的抗拉强度设计值。

（三）偏心受拉剪力墙斜截面受剪承载力

剪力墙在偏心受拉时的斜截面受剪承载力应按下列公式计算

$$V \leqslant \frac{1}{\lambda - 0.5}\left(0.6 f_{vg} b h_0 - 0.22 N \frac{A_w}{A}\right) + 0.9 f_{yh} \frac{A_{sh}}{s} h_0 \tag{4.36}$$

式中符号意义同前。

（四）剪力墙连梁斜截面受剪承载力

配筋砌块砌体剪力墙连梁的斜截面受剪承载力，应符合下列规定：

（1）当连梁采用钢筋混凝土时，连梁的承载力应按现行国家标准《混凝土结构设计规范》（GB 50010）的有关规定进行计算。

（2）当连梁采用配筋砌块砌体时，应符合下列规定：

连梁的截面应符合下列要求

$$V_b \leqslant 0.25 f_g b h_0 \tag{4.37}$$

连梁的斜截面受剪承载力应按下式计算

$$V_b \leqslant 0.8 f_{vg} b h_0 + f_{yv} \frac{A_{sv}}{s} h_0 \tag{4.38}$$

式中　　V_b——连梁的剪力设计值；

b——连梁的截面宽度；

h_0——连梁的截面有效高度；

A_{sv}——配置在同一截面内箍筋各肢的全部截面面积；

f_{yv}——箍筋的抗拉强度设计值；

s——沿构件长度方向箍筋的间距。

连梁的正截面受弯承载力应按现行国家标准《混凝土结构设计规范》（GB 50010）受弯构件的有关规定进行计算，当采用配筋砌块砌体时，应采用其相应的计算参数和指标。

4.3.3　配筋砌块砌体剪力墙构造规定

配筋砌块砌体剪力墙应符合以下构造规定。

一、钢筋

钢筋的选择应符合下列规定：

（1）钢筋的直径不宜大于 25mm，当设置在灰缝中时不应小于 4mm，在其他部位不应小于 10mm。

（2）配置在孔洞或空腔中的钢筋面积不应大于孔洞或空腔面积的 6%。

钢筋的设置应符合下列规定：

（1）设置在灰缝中钢筋的直径不宜大于灰缝厚度的 1/2。

（2）两平行水平钢筋间的净距不应小于 50mm。

（3）柱和壁柱中的竖向钢筋的净距不宜小于 40mm（包括接头处钢筋间的净距）。

钢筋在灌孔混凝土中的锚固应符合下列规定：

（1）当计算中充分利用竖向受拉钢筋强度时，其锚固长度 l_a，对 HRB335 级钢筋不宜小于 30d；对 HRB400 和 RRB400 级钢筋不宜小于 35d；在任何情况下钢筋（包括钢筋网片）锚固长度不应小于 300mm。

（2）竖向受拉钢筋不宜在受拉区截断。如必须截断时，应延伸至按正截面受弯承载力计算不需要该钢筋的截面以外，延伸的长度不应小于 20d。

（3）竖向受压钢筋在跨中截断时，必须伸至按计算不需要该钢筋的截面以外，延伸的长度不应小于 20d；对绑扎骨架中末端无弯钩的钢筋，不应小于 25d。

（4）钢筋骨架中的受力光圆钢筋，应在钢筋末端作弯钩，在焊接骨架、焊接网以及轴心受压构件中，不做弯钩；绑扎骨架中的受力变形钢筋，在钢筋的末端不做弯钩。

钢筋的接头应符合下列规定：

（1）钢筋的直径大于 22mm 时宜采用机械连接接头，接头的质量应符合有关标准、规范的规定；其他直径的钢筋可采用搭接接头。

（2）钢筋的接头位置宜设置在受力较小处。

（3）受拉钢筋的搭接接头长度不应小于 1.1l_a，受压钢筋的搭接接头长度不应小于 0.7l_a，但不应小于 300mm。

（4）当相邻接头钢筋的间距不大于 75mm 时，其搭接长度应为 1.2l_a。当钢筋间接头错开 20d 时，搭接长度可不增加。

水平受力钢筋（网片）的锚固和搭接长度应符合下列规定：

（1）在凹槽砌块混凝土带中钢筋的锚固长度不宜小于 30d，且其水平或垂直弯折段的长度不宜小于 15d 和 200mm；钢筋的搭接长度不宜小于 35d。

（2）在砌体水平灰缝中，钢筋的锚固长度不宜小于 50d，且其水平或垂直弯折段的长度不宜小于 20d 和 150mm；钢筋的搭接长度不宜小于 55d。

（3）在隔皮或错缝搭接的灰缝中为 55d+2h，d 为灰缝受力钢筋的直径；h 为水平灰缝的间距。

二、配筋砌块砌体剪力墙、连梁

配筋砌块砌体剪力墙、连梁的砌体材料强度等级应符合下列规定：

（1）砌块不应低于 MU10；

（2）砌筑砂浆不应低于 Mb7.5；

（3）灌孔混凝土不应低于 Cb20。

对安全等级为一级或设计使用年限大于 50a 的配筋砌块砌体房屋，所用材料的最低强度等级应至少提高一级。

配筋砌块砌体剪力墙厚度、连梁截面宽度不应小于 190mm。

配筋砌块砌体剪力墙的构造配筋应符合下列规定：

（1）应在墙的转角、端部和孔洞的两侧配置竖向连续的钢筋，钢筋直径不宜小于 12mm。

（2）应在洞口的底部和顶部设置不小于 2Φ10 的水平钢筋，其伸入墙内的长度不宜小于 40d 和 600mm。

（3）应在楼（屋）盖的所有纵横墙处设置现浇钢筋混凝土圈梁，圈梁的宽度和高度宜等于墙厚和块高，圈梁主筋不应少于 4Φ10，圈梁的混凝土强度等级不宜低于同层混凝土块体强度等级的 2 倍，或该层灌孔混凝土的强度等级，也不应低于 Cb20。

（4）剪力墙其他部位的竖向和水平钢筋的间距不应大于墙长、墙高的 $\frac{1}{3}$，也不应大于 900mm。

（5）剪力墙沿竖向和水平方向的构造钢筋配筋率均不宜小于 0.07%。

按壁式框架设计的配筋砌块窗间墙除应符合上述规定外，尚应符合下列规定：

（1）窗间墙的截面应符合下列要求：墙宽不应小于 800mm；墙净高与墙宽之比不宜大于 5。

（2）窗间墙中的竖向钢筋应符合下列要求：每片窗间墙中沿全高不应少于 4 根钢筋；沿墙的全截面应配置足够的抗弯钢筋；窗间墙的竖向钢筋的含钢率不宜小于 0.2%，也不宜大于 0.8%。

（3）窗间墙中的水平分布钢筋应符合下列要求：水平分布钢筋应在墙端部纵筋处向下弯折 90°，弯折段水平长度不小于 15d 和 150mm；水平分布钢筋的间距：在距梁边 1 倍墙宽范围内不应大于 1/4 墙宽，其余部位不应大于 1/2 墙宽；水平分布钢筋的配筋率不宜小于 0.15%。

配筋砌块砌体剪力墙应按下列情况设置边缘构件：

（1）当利用剪力墙端的砌体时，应符合下列规定：在距墙端至少 3 倍墙厚范围内的孔中设置不小于 Φ12 通长竖向钢筋；应在 L、T 或十字形墙交接处 3 或 4 个孔中设置不小于 Φ12 的通长竖向钢筋；当剪力墙端部的设计压应力大于 0.6f_g 时，除按按规定设置竖向钢筋外，尚应设置间距不大于 200mm、直径不小于 6mm 的钢箍。

（2）当在剪力墙墙端设置混凝土柱时，应符合下列规定：柱的截面宽度宜等于墙厚，柱的截面高度宜为 1~2 倍的墙厚，并不应小于 200mm；柱的混凝土强度等级不宜低于该墙体块体强度等级的 2 倍，或不低于该墙体灌孔混凝土的强度等级，也不应低于 Cb20；柱的竖向钢筋不宜小于 4Φ12，箍筋不宜小于 Φ6、间距不宜大于 200mm；墙体中水平钢筋应在柱中锚固，并应满足钢筋的锚固要求；柱的施工顺序宜为先砌砌块墙体，后浇捣混凝土。

配筋砌块砌体剪力墙中当连梁采用钢筋混凝土时，连梁混凝土的强度等级不宜低于同层墙体块体强度等级的 2 倍，或同层墙体灌孔混凝土的强度等级，也不应低于 Cb20；其他构造尚应符合现行国家标准《混凝土结构设计规范》（GB 50010）的有关规定要求。

配筋砌块砌体剪力墙中当连梁采用配筋砌块砌体时，连梁应符合下列规定：

（1）连梁的截面应符合下列要求：连梁的高度不应小于两皮砌块的高度和 400mm；连梁应采用 H 形砌块或凹槽砌块组砌，孔洞应全部浇灌混凝土。

（2）连梁的水平钢筋宜符合下列要求：连梁上、下水平受力钢筋宜对称、通长设置，在灌孔砌体内的锚固长度不应小于 40d 和 600mm；连梁水平受力钢筋的含钢率不宜小于 0.2%，也不宜大于 0.8%。

（3）连梁的箍筋应符合下列要求：箍筋的直径不应小于 6mm；箍筋的间距不宜大于 1/2 梁高和 600mm；在距支座等于梁高范围内的箍筋间距不应大于 1/4 梁高，距支座表面第一根箍筋的间距不应大于 100mm；箍筋的面积配筋率不宜小于 0.15%；箍筋宜为封闭式，双肢箍末端弯钩为 135°；单肢箍末端的弯钩为 180°，或弯 90°加 12 倍箍筋直径的延长段。

三、配筋砌块砌体柱

配筋砌块砌体柱（图 4.13）应符合下列规定：

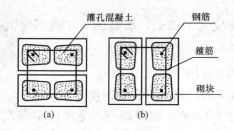

图 4.13 配筋砌块砌体柱截面示意图
(a) 下皮；(b) 上皮

（1）柱截面边长不宜小于 400mm，柱高度与截面短边之比不宜大于 30。

（2）柱的纵向钢筋的直径不宜小于 12mm，数量不应少于 4 根，全部纵向受力钢筋的配筋率不宜小于 0.2%。

（3）柱中箍筋的设置应根据下列情况确定：当纵向钢筋的配筋率大于 0.25% 时，且柱承受的轴向力大于受压承载力设计值的 25% 时，柱应设箍筋；当配筋率小于等于 0.25% 时，或柱承受的轴向力小于受压承载力设计值的 25% 时，柱中可不设置箍筋；箍筋直径不宜小于 6mm；箍筋的间距不应大于 16 倍的纵向钢筋直径、48 倍箍筋直径及柱截面短边尺寸中较小者；箍筋应封闭，端部应弯钩或绕纵筋水平弯折 90°，弯折段长度不小于 10d；箍筋应设置在灰缝或灌孔混凝土中。

【例 4.4】 某配筋混凝土砌块墙体，长 3m，高 3.6m，厚 190mm，采用 MU10 砌块、Mb7.5 砂浆砌筑而成，灌孔混凝土为 Cb20，混凝土砌块孔洞率 $\delta=35\%$，砌体灌孔率 $\rho=33\%$。竖向和水平向钢筋均为 HRB335 级，如图 4.14 所示。承受轴向力设计值 $N=1470kN$，弯矩设计值 $M=1100kN \cdot m$，水平方向剪力设计值 $V=400kN$。试计算该墙体的配筋。

解 （1）强度计算。

钢筋的强度设计值，未灌孔的空心砌块砌体抗压强度设计值，Cb20 混凝土轴心抗压强度设计值分别为

$$f_y = f'_y = 300N/mm^2, f = 2.5N/mm^2, f_c = 9.6N/mm^2$$

$$\alpha = \delta \rho$$
$$= 0.35 \times 0.33$$
$$= 0.116$$

则，灌孔砌体的抗压强度设计值为

$$f_g = f + 0.6\alpha f_c = 2.5 + 0.6 \times 0.116 \times 9.6$$
$$= 3.17N/mm^2 < 2f$$

灌孔砌体的抗剪强度设计值

$$f_{vg} = 0.2 f_g^{0.55} = 0.2 \times 3.17^{0.55}$$
$$= 0.38N/mm^2$$

（2）正截面受压承载力计算。

取竖向分布钢筋为 ϕ10@250，则竖向分布钢筋配筋率 $\rho_w = 0.17\%$。

设暗柱的构造尺寸为 600mm，故其中心位于 300mm 处，则

$$h_0 = h - 300 = 3000 - 300 = 2700mm$$

为简化计算，令

$$\sum f_{si} A_{si} = (h_0 - 1.5x) b f_y \rho_w$$

若采用对称配筋，则由式（4.21）

$$N = f_g bx + f'_y A'_s - f_y A_s - \sum f_{si} A_{si}$$

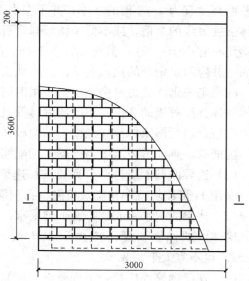

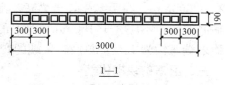

1—1

图 4.14 ［例 4.4］简图

得

$$x = \frac{N + f_y b h_0 \rho_w}{f_g b + 1.5 f_y b \rho_w} = \frac{1470 \times 10^3 + 300 \times 190 \times 2700 \times 0.0017}{5.38 \times 190 + 1.5 \times 300 \times 190 \times 0.0017} = 1483 \text{mm}$$

$$\xi = \frac{x}{h_0} = \frac{1483}{2700} = 0.549 < \xi_b = 0.550$$

故可按大偏心受压构件计算

$$e = \frac{M}{N} = \frac{1100}{1470} = 0.748 \text{m} = 748 \text{mm}$$

$$\beta = \frac{H_0}{b} = \frac{3600}{190} = 18.95$$

由式（4.12）得

$$e_a = \frac{\beta^2 h}{2200}(1 - 0.022\beta) = \frac{18.95^2 \times 3000}{2200} \times (1 - 0.022 \times 18.95) = 285 \text{mm}$$

由式（4.10）得

$$e_N = e + e_a + \left(\frac{h}{2} - a_s\right) = 748 + 285 + 1500 - 300 = 2233 \text{mm}$$

由式（4.22）得

$$N e_N \leqslant f_g b x \left(h_0 - \frac{x}{2}\right) + f'_y A'_s (h_0 - a'_s) - \sum f_{si} S_{si}$$

其中

$$\sum f_{si} S_{si} = 0.5(h_0 - 1.5x)^2 b f_y \rho_w$$
$$= 0.5 \times (2700 - 1.5 \times 1483)^2 \times 190 \times 300 \times 0.0017 = 10.95 \text{kN} \cdot \text{m}$$

得

$$A_s = A'_s = \frac{N e_N + \sum f_{si} S_{si} - f_g b x \left(h_0 - \frac{x}{2}\right)}{f'_y (h_0 - a'_s)}$$

$$= \frac{1470 \times 10^3 \times 2233 + 10.95 \times 10^6 - 5.38 \times 190 \times 1483 \times \left(2700 - \frac{1483}{2}\right)}{300 \times (2700 - 300)}$$

$$= 451 \text{mm}^2$$

选用 4 Φ14，实际配筋面积 $A_s = A'_s = 615 \text{mm}^2$。

（3）斜截面受剪承载力计算。

$$0.25 f_g b h_0 = 0.25 \times 3.17 \times 190 \times 2700 = 407 \text{kN} > V = 400 \text{kN}$$

故截面尺寸满足要求。

$$\lambda = \frac{M}{V h_0} = \frac{1100 \times 10^6}{400 \times 10^3 \times 2700} = 1.02 < 1.5, \text{取} \lambda = 1.5。$$

因

$$N > 0.25 f_g A = 0.25 \times 3.17 \times 190 \times 3000 = 451.73 \text{kN}$$

故取 $N = 451.73 \text{kN}$。

由式（4.34）得

$$V \leqslant \frac{1}{\lambda - 0.5}\left(0.6 f_{vg} b h_0 + 0.12 N \frac{A_w}{A}\right) + 0.9 f_{yh} \frac{A_{sh}}{s} h_0$$

得

$$\frac{A_{sh}}{s} \geqslant \frac{V - \frac{1}{\lambda - 0.5}\left(0.6 f_{vg} b h_0 + 0.12 N \frac{A_w}{A}\right)}{0.9 f_{yh} h_0}$$

$$= \frac{400 \times 10^3 - \frac{1}{1.5 - 0.5}(0.6 \times 0.38 \times 190 \times 2700 + 0.12 \times 451.73 \times 10^3)}{0.9 \times 300 \times 2700} = 0.314$$

取 $s=300$mm，则 $A_{sh} \geqslant 0.314 \times 300 = 94$mm^2。

选用 $\Phi10@300$，实际 $A_{sh}=262$mm^2，$\rho_n = \frac{262}{190 \times 300} = 0.46\% > 0.07\%$。

故两端暗柱各配 $4\Phi14$，竖向分布钢筋为 $\Phi10@250$，水平抗剪钢筋为 $\Phi10@300$。

本 章 小 结

（1）网状配筋砌体轴心受压时，发生纵向压缩变形，也产生横向变形，由于钢筋网可以约束砌体的横向变形，推迟第一条（批）裂缝的出现，避免砌体破坏时形成若干独立小柱，能较大的提高砌体的承载力。网状配筋砖砌体构件的受压承载力主要和配筋率、高厚比、偏心距等因素有关。当荷载作用的偏心距较大或构件高厚比较大时，不宜采用网状配筋砖砌体构件。

（2）组合砖砌体由于在混凝土（砂浆）面层内配置纵向钢筋和拉结钢筋、水平分布钢筋组成封闭的箍筋体系，具有较好的抗弯和抗剪能力。组合砖砌体小偏心受压构件是由于压应力较大边的混凝土或砂浆被压碎而破坏；大偏心受压构件是由于受拉区钢筋先达到屈服强度，而后受压区的混凝土或砂浆被压碎而破坏。

（3）砖砌体的受压承载力不足而墙体的截面尺寸又受到限制时，可采用砖砌体和钢筋混凝土构造柱组成的组合砖墙。构造柱的存在，既提高了砌体的承载力，又加强了墙体的整体性，提高墙体的延性和抗震性能。

（4）配筋砌块砌体具有较高的抗拉、抗压强度和抗剪强度，以及良好的延性和抗震性能，并且造价较低，节能环保。配筋砌块砌体剪力墙受力特性和破坏特征与普通钢筋混凝土剪力墙相似，故其承载力计算方法也与普通钢筋混凝土剪力墙相似。

（5）对配筋砌体构件进行设计时，除满足承载力的要求外，还应满足各自的构造要求。

思 考 题

4.1 什么情况下宜采用网状配筋砖砌体构件？什么情况下不宜采用？

4.2 网状配筋砖砌体的抗压强度较无筋砌体的高，原因何在？

4.3 网状配筋砌体受压构件承载力的影响系数 φ_n 主要考虑了哪些因素对抗压强度的影响？

4.4 什么情况下宜采用组合砖砌体构件？

4.5 组合砖砌体大偏心受压破坏、小偏心受压破坏的破坏特征各是什么？

4.6 什么情况下采用砖砌体和钢筋混凝土构造柱组合墙？

4.7 钢筋混凝土构造柱组合墙有哪些构造要求？

4.8 配筋砌块砌体的受力特点是什么？其承载力计算方法是怎样的？

习　　题

4.1　一网状配筋砖柱，截面尺寸为 490mm×490mm，计算高度 $H_0=4.8$m，采用 MU10 烧结普通砖、M7.5 水泥砂浆砌筑。承受轴向力标准值 $N_k=360$kN（其中恒载占 80%）。网状配筋采用 Φ6 焊接网片，$A_s=28.3$mm²，$f_y=270$N/mm²，钢筋网格尺寸 $a=b=50$mm，钢筋网竖向间距 $s_n=240$mm，试验算砖柱的承载力。

4.2　某混凝土面层组合砖柱，截面尺寸如图 4.6 所示，柱计算高度 $H_0=6.2$m，采用 MU10 烧结普通砖、M7.5 混合砂浆砌筑，面层混凝土强度等级为 C20，竖向钢筋级别为 HRB335。承受轴向力设计值 $N=960$kN，沿长边方向的弯矩设计值 $M=100$kN·m，已知 $A_s=A_s'=763$mm²，试验算其承载力。

4.3　一承重横墙，墙厚 240mm，计算高度 $H_0=3.6$m，采用 MU10 烧结普通砖、M5 混合砂浆砌筑，构造柱截面尺寸为 240mm×240mm，间距为 1m，柱内配有纵筋 4Φ12，混凝土强度等级为 C20，求每米横墙所能承受的轴向压力设计值。

4.4　某配筋混凝土砌块墙体，长 3m，高 3.6m，厚 190mm，如图 4.14 所示，采用 MU10 砌块、Mb10 砂浆砌筑而成，灌孔混凝土为 Cb20，竖向和水平向钢筋均为 HRB335 级。承受轴向力设计值 $N=980$kN，弯矩设计值 $M=260$kN·m。试计算该墙体的配筋。

第5章 混合结构房屋墙体设计

混合结构房屋通常是指主要承重构件由不同材料组成的房屋。如房屋的楼（屋）盖采用钢筋混凝土结构、轻钢结构或木结构，而墙体、柱和基础等承重构件采用砌体结构（砖、石、砌块砌体结构）。

进行混合结构房屋设计时，首先进行结构布置，接着确定房屋的静力计算方案，然后进行墙、柱内力分析并验算其承载力，最后采取相应的构造措施。

5.1 混合结构房屋的结构布置

5.1.1 混合结构房屋的组成

混合结构房屋中，板、梁、屋架等构件组成的楼（屋）盖是混合结构的水平承重结构，墙、柱和基础组成了混合结构的竖向承重结构。通常称位于房屋外围的墙为外墙，位于房屋内部的墙为内墙；沿房屋平面较短方向布置的墙为横墙，沿房屋平面较长方向布置的墙为纵墙，房屋两端的横墙又称为山墙。

混合结构房屋中的楼盖、屋盖、纵墙、横墙、柱、基础及楼梯等主要承重构件互相连接共同构成承重体系，组成空间结构。因此，墙、柱、梁、板等构件的结构布置，应满足建筑功能、使用功能、结构合理、经济的要求。

5.1.2 混合结构房屋的承重体系

混合结构房屋的承重体系根据其结构布置方式和荷载传递路径的不同可分为：横墙承重体系、纵墙承重体系、纵横墙承重体系、内框架承重体系和底层框架承重体系。

一、横墙承重体系

当房屋横墙承担屋盖、各层楼盖传来的绝大部分荷载，纵墙仅起围护作用时，相应的承重体系称为横墙承重体系，如图5.1所示。其荷载的传递路径如下：

楼（屋）面荷载→板→横墙→横墙基础→地基

横墙承重体系的特点如下：

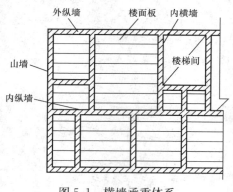

图5.1 横墙承重体系

（1）横墙数量多，间距小（一般为3～4.5m），又有纵墙拉结，因此房屋横向刚度较大，整体性好，抵抗风荷载、地震作用及调整地基不均匀沉降的能力较强。

（2）外纵墙不承重，承载力有富余，门窗的布置及大小较灵活，建筑立面易处理。

（3）楼（屋）盖结构较简单、施工较方便，但墙体材料用量较多。

（4）因横墙较密，建筑平面布局不灵活，今后欲改变房屋用途、拆除横墙较困难。

横墙承重体系适用于开间较小、开间尺寸相差不大的旅馆、宿舍、住宅等民用建筑。

二、纵墙承重体系

当房屋纵墙承担楼（屋）盖传来的绝大部分荷载时，相应的承重体系称为纵墙承重体系，如图 5.2 所示。其荷载的传递路径如下：

$$楼（屋）面荷载 → \begin{matrix} 板 \\ 板 → 梁 \end{matrix} → 纵墙 → 纵墙基础 → 地基$$

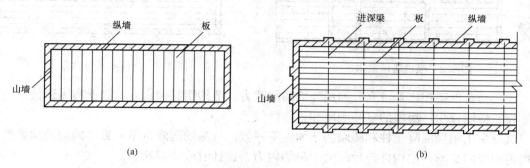

图 5.2　纵墙承重体系

(a) 板直接搁置于纵墙；(b) 设置进深梁

纵墙承重体系的特点如下：

（1）横墙间距大、数量少，建筑平面布局较灵活，但房屋横向刚度较弱。

（2）纵墙承受的荷载较大，纵墙上门窗洞口的布置与大小受到一定限制。

（3）与横墙承重体系相比，墙体材料用量较少，楼（屋）盖用料较多。

纵墙承重体系适用于使用上要求较大空间的教学楼、图书馆及空旷的中小型工业厂房、仓库、食堂等单层房屋。

三、纵横墙承重体系

当楼（屋）盖上的荷载由横墙和纵墙共同承担时，相应的承重体系称为纵横墙承重体系，如图 5.3 所示。其荷载的传递路径如下：

$$楼（屋）面荷载 → 板 →（梁 →）\begin{matrix} 纵墙 \\ 横墙 \end{matrix} \begin{matrix} 纵墙基础 \\ 横墙基础 \end{matrix} → 地基$$

纵横墙承重体系的特点如下：

（1）房屋纵横墙均承重，沿纵、横向刚度均较大，墙体材料利用率高，墙体应力较均匀。

（2）房屋建筑平面布局灵活，且具有较大的空间刚度和整体性。

纵墙承重体系适用于教学楼、办公楼、医院及点式住宅等建筑。

四、内框架承重体系

当楼（屋）盖上的荷载由房屋内部的钢筋混凝土框架和外部砌体墙、柱共同承担时，相应的承重体系称为内框架承重体系，如图 5.4 所示。其荷载的传递路径如下：

$$楼（屋）面荷载 → 板 → 内框架梁 → \begin{matrix} 外纵墙 \\ 内框架柱 \end{matrix} \begin{matrix} 纵墙基础 \\ 柱基础 \end{matrix} → 地基$$

内框架承重体系的特点如下：

（1）内部形成大空间，平面布置灵活，易满足使用要求。

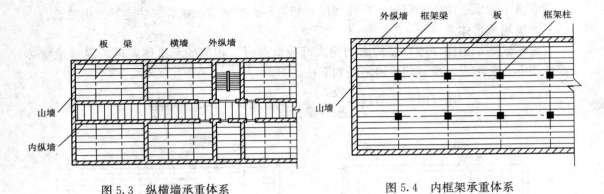

图 5.3　纵横墙承重体系　　　　　　　　　图 5.4　内框架承重体系

（2）与全框架相比，可充分利用外墙的承载力，节约钢材和水泥，降低房屋造价。

（3）横墙较少，房屋的空间刚度和整体性较差。

（4）由于钢筋混凝土柱和砖墙的压缩性不一致，且基础沉降也不一致，因而结构易产生不均匀的竖向变形，使构件产生较大的附加内力，设计时应特别注意。

内框架承重体系适用于层数不多的工业厂房、仓库、商场等需要较大空间的房屋。

五、底部框架承重体系

房屋有时由于建筑使用功能的要求而底部需设置大空间，则可采用底部为钢筋混凝土框

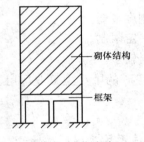

图 5.5　底部框架
承重体系

架，上部为砌体结构，这样的承重体系称为底部框架承重体系，如图 5.5 所示。其荷载的传递路径如下：

上部砌体结构墙体重量、楼（屋）面荷载→框架梁→

框架柱→基础→地基

底部框架承重体系房屋为上部刚度较大，底部刚度较小的上刚下柔的多层房屋，竖向抗侧刚度在底部发生突变，因此其抗震性能较差。

底部框架承重体系适用于底部为商店、展览厅、食堂而上部各层为宿舍、办公室的房屋。

5.2　房屋的静力计算方案

5.2.1　房屋的空间工作性能

砌体结构房屋由屋盖、楼盖、墙、柱、基础等主要承重构件组成空间受力体系，共同承担作用在房屋上的各种竖向荷载（结构的自重、楼面和屋面的活荷载）、水平风荷载和地震作用。

现以受风荷载作用的单层房屋为例来分析混合结构房屋的空间工作性能。图 5.6 是一单层房屋，外纵墙承重，屋盖为装配式钢筋混凝土楼盖，两端没有山墙，中间也不设横墙。房屋的水平风荷载传递路径如下：

风荷载→纵墙→纵墙基础→地基

由于房屋纵墙承受均布风荷载，房屋的横向刚度沿纵向没有变化，墙顶水平位移沿房屋纵向处处相等（用 u_p 表示），因此其纵墙计算可简化为平面问题来处理，取两相邻窗口中线间的区段作为计算单元。如果把计算单元的纵墙比拟为排架柱，屋盖结构比拟为横梁，把基础看成

柱的固定端支座，屋盖结构和墙的连接点看成铰接点，则计算单元可按平面排架计算。

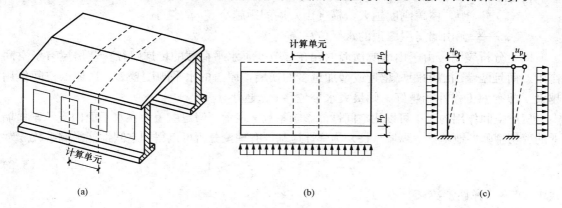

图 5.6　两端无山墙的单层房屋

事实上，混合结构房屋通常设有横墙或山墙（图 5.7）。由于两端山墙的约束，在水平风荷载的作用下，整个房屋墙顶的水平位移不再相同，墙顶水平位移 u 较 u_p 要小且沿房屋纵向变化。其原因是水平风荷载不仅在纵墙和屋盖组成的平面排架内传递，而且还通过屋盖向山墙传递。因此房屋的受力体系已不再是平面受力体系，纵墙通过屋盖和山墙组成了空间受力体系。其水平风荷载传递路径是

$$风荷载\rightarrow纵墙\rightarrow\genfrac{}{}{0pt}{}{屋盖结构\rightarrow山墙\rightarrow山墙基础}{纵墙基础}\rightarrow地基$$

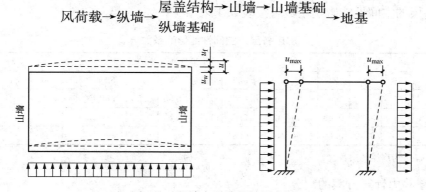

图 5.7　两端有山墙的单层房屋

对于上述情况，工程设计中仍然将其转化为平面问题处理。计算墙柱内力时，按前述方法取出一个计算单元，但应考虑房屋空间受力的影响。房屋空间受力对平面计算单元的影响称为房屋的空间作用。

设 u 为计算单元纵墙顶点的水平位移，u_w 为山墙顶点的水平位移，u_f 为屋盖的平面内弯曲变形，根据变形协调条件有

$$u = u_\mathrm{w} + u_\mathrm{f} \tag{5.1}$$

若以中间单元水平位移最大的墙顶为例，其顶点水平位移为

$$u_{\max} = u_\mathrm{w} + u_{\mathrm{fmax}} \leqslant u_\mathrm{p} \tag{5.2}$$

式中　$u_{\max}$——中间计算单元墙顶的水平位移，也即房屋的最大水平位移；

　　　u_w——山墙顶点的水平位移，取决于山墙的刚度，山墙刚度越大，u_w 越小；

u_{fmax}——中间计算单元处屋盖的平面内弯曲变形，取决于屋盖刚度及横（山）墙间距，屋盖刚度越大，横（山）墙间距越小，u_{fmax}越小；

u_p——无山墙房屋墙顶的水平位移。

以上分析表明，由于山墙或横墙的存在，改变了水平荷载的传递路径，使房屋有了空间作用。而且两端山墙的距离越近或增加越多的横墙，屋盖的水平刚度越大，房屋的空间作用越大，即空间工作性能越好，则最大水平位移 u_{max} 越小。

房屋空间作用的大小可以用空间性能影响系数 η 表示，假定屋盖为在水平面内支承于横墙上的剪切型弹性地基梁，纵墙（柱）为弹性地基，有理论分析可以得到空间性能影响系数 η 为

$$\eta = \frac{u_{max}}{u_p} = 1 - \frac{1}{\mathrm{ch}\,ks} \leqslant 1 \qquad (5.3)$$

式中　k——弹性常数；

　　　s——横墙间距。

k 与屋（楼）盖类型有关（屋盖或楼盖类别见表 5.2），根据理论分析和工程经验，对于 1 类屋盖，取 $k=0.03$；对于 2 类屋盖，取 $k=0.05$；对于 3 类屋盖，取 $k=0.065$。

η 值越大，表示整体房屋的最大水平位移与平面排架的水平位移越接近，即房屋空间作用越小。反之 η 越小，房屋的最大水平位移越小，房屋的空间作用越大。因此，η 又称为考虑空间工作后的侧移折减系数。它可作为衡量房屋空间刚度大小的尺度，同时也是确定房屋静力计算方案的依据。

房屋各层的空间性能影响系数可按表 5.1 采用。

表 5.1　　　　　　　　　　**房屋各层的空间性能影响系数 η_i**

屋盖或楼盖类别	横墙间距 s（m）														
	16	20	24	28	32	36	40	44	48	52	56	60	64	68	72
1	—	—	—	—	0.33	0.39	0.45	0.50	0.55	0.60	0.64	0.68	0.71	0.74	0.77
2	—	0.35	0.45	0.54	0.61	0.68	0.73	0.78	0.82	—	—	—	—	—	—
3	0.37	0.49	0.60	0.68	0.75	0.81									

注　i 取 $1 \sim n$，n 为房屋的层数。

5.2.2　房屋静力计算方案的划分

《规范》根据影响房屋空间工作性能的两个主要因素即屋盖或楼盖类别和横墙间距，将混合结构房屋的静力计算方案划分为三种，按表 5.2 确定。

表 5.2　　　　　　　　　　**房屋的静力计算方案**

	屋盖或楼盖类别	刚性方案	刚弹性方案	弹性方案
1	整体式、装配整体和装配式无檩体系钢筋混凝土屋盖或钢筋混凝土楼盖	$s<32$	$32 \leqslant s \leqslant 72$	$s>72$
2	装配式有檩体系钢筋混凝土屋盖、轻钢屋盖和有密铺望板的木屋盖或木楼盖	$s<20$	$20 \leqslant s \leqslant 48$	$s>48$
3	瓦材屋面的木屋盖和轻钢屋盖	$s<16$	$16 \leqslant s \leqslant 36$	$s>36$

注　1. 表中 s 为房屋横墙间距，其长度单位为 m；

　　2. 上柔下刚多层房屋的顶层可按单层房屋确定静力计算方案；

　　3. 对无山墙或伸缩缝处无横墙的房屋，应按弹性方案考虑。

一、刚性方案

房屋的空间刚度很大，在荷载作用下，房屋的水平位移很小，可以忽略不计，这类房屋称为刚性方案房屋。其计算简图是将承重墙视为一竖向构件，屋盖或楼盖为墙体的不动铰支座［图 5.8（a）］。通过计算分析，当房屋的空间性能影响系数 $\eta < 0.33$ 时，均可按刚性方案计算。

二、弹性方案

房屋的空间刚度很差，在荷载作用下，房屋的水平位移较大，接近平面排架或框架，这类房屋称为弹性方案房屋。其墙柱内力计算按不考虑空间作用的平面排架或框架计算［图 5.8（b）］。当房屋的空间性能影响系数 $\eta > 0.77$ 时，均可按弹性方案计算。

三、刚弹性方案

房屋的空间刚度介于刚性方案与弹性方案之间，在荷载作用下，房屋的水平位移比弹性方案要小，但又不可忽略不计，这类房屋称为刚弹性方案房屋。其墙柱内力计算可根据房屋空间刚度的大小，将其水平荷载作用下的反力进行折减，然后按平面排架或框架计算［图 5.8（c）］。

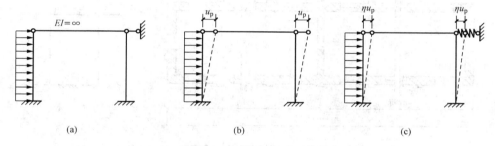

图 5.8　单层混合结构房屋的计算简图
（a）刚性方案；（b）弹性方案；（c）刚弹性方案

5.2.3　刚性和刚弹性方案房屋的横墙要求

由以上分析可知，刚性方案和刚弹性方案房屋中的横墙应具有足够的刚度，在荷载作用下不致变形过大。为此，《规范》规定了作为刚性和刚弹性方案房屋的横墙应符合下列规定：

（1）横墙中开有洞口时，洞口的水平截面面积不应超过横墙截面面积的 50%。

（2）横墙的厚度不宜小于 180mm。

（3）单层房屋的横墙长度不宜小于其高度，多层房屋的横墙长度不宜小于 $H/2$（H 为横墙总高度）。

当横墙不能同时符合上述要求时，应对横墙的刚度进行验算。如其最大水平位移值 $u_{wmax} \leqslant H/4000$ 时，仍可视作刚性或刚弹性方案房屋的横墙。凡符合此刚度要求的一段横墙或其他结构构件（如框架等），也可视作刚性或刚弹性方案房屋的横墙。

单层房屋横墙在水平集中力 P_1 作用下的最大水平位移 u_{wmax}，由弯曲变形和剪切变形两部分组成，其计算简图如图 5.9 所示。u_{wmax} 可按下式计算

$$u_{wmax} = \frac{P_1 H^3}{3EI} + \frac{\tau}{G}H = \frac{nPH^3}{6EI} + \frac{2.5nPH}{EA} \tag{5.4}$$

式中　P_1——作用于横墙顶端的水平集中力，$P_1=nP/2$；

　　　　n——与该横墙相邻的两横墙的开间数（图 5.9）；

　　　　P——假定排架无侧移时，每开间柱顶反力（包括作用于屋架下弦的集中荷载产生的反力）；

　　　　H——横墙高度；

　　　　E——砌体的弹性模量；

　　　　I——横墙截面惯性矩，为简化计算，近似地取横墙毛截面惯性矩，当横墙与纵墙连接时可按工字形或[形截面考虑，与横墙共同工作的纵墙部分的计算长度 s，每边近似地取 $s=0.3H$；

　　　　τ——水平截面上的剪应力，$\tau=\zeta P/A$；

　　　　ζ——应力分布不均匀系数，可近似取 $\zeta=2.0$；

　　　　G——砌体的剪变模量，近似取 $G=0.4E$；

　　　　A——横墙截面面积。

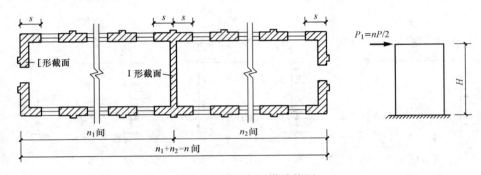

图 5.9　单层房屋横墙简图

　　多层房屋也可仿照上述方法进行计算，u_{wmax} 计算公式为

$$u_{wmax} = \frac{n}{6EI}\sum_{i=1}^{m} P_i H_i^3 + \frac{2.5n}{EA}\sum_{i=1}^{m} P_i H_i \tag{5.5}$$

式中　m——房屋总层数；

　　　　P_i——假定每开间框架各层均为不动铰支座时，第 i 层的支座反力；

　　　　H_i——第 i 层楼面至基础顶面的高度。

5.3　刚性方案房屋墙、柱的计算

5.3.1　单层刚性方案房屋承重纵墙计算

一、计算简图

一般取一个开间为计算单元。单层刚性方案房屋承重纵墙计算采用下列假定：

（1）纵墙、柱下端在基础顶面处固接，上端与屋面大梁或屋架铰接。

（2）屋盖结构可作为纵墙、柱上端的不动铰支座。

按照上述假定，每片纵墙可以按下端固定、上端支承在不动铰支座的竖向构件单独进行计算，其计算简图如图 5.10 所示。

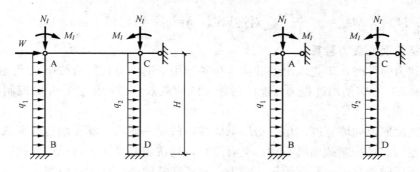

图 5.10　单层刚性方案房屋计算简图

二、竖向荷载作用下的计算

竖向荷载包括屋盖荷载（屋盖自重、屋面活荷载或雪荷载）和墙、柱自重。屋盖荷载通过屋架或屋面梁作用于墙、柱顶端。

通常情况下，屋架支承反力 N_l 作用点对墙体截面形心有一个偏心距 e_l，所以墙体顶端的屋盖荷载有轴心压力 N_l 和弯矩 $M_l = N_l e_l$ 组成，则屋盖荷载作用下墙、柱内力为 [图 5.11 (a)]

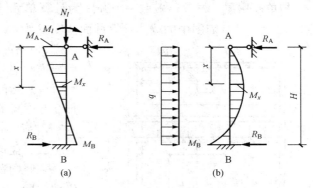

图 5.11　单层刚性方案房屋墙柱内力
(a) 竖向荷载作用下；(b) 风荷载作用下

$$\left.\begin{aligned}
R_A &= -R_B = -\frac{3M_l}{2H} \\
M_A &= M_l \\
M_B &= -M_l/2 \\
M_x &= \frac{M_l}{2}\left(2 - 3\frac{x}{H}\right)
\end{aligned}\right\} \quad (5.6)$$

墙、柱自重包括砌体、内外粉刷和门窗的自重，作用于墙、柱截面形心线上。当墙、柱为等截面时，自重不会产生弯矩。但当墙、柱为变截面，上部墙、柱自重 G_1 对下部墙、柱截面将产生弯矩 $M_1 = G_1 e_0$（e_0 为上下截面形心线距离）。因 M_1 在屋架就位之前就已存在，故 M_1 在墙、柱产生的内力按悬臂构件计算。

三、风荷载作用下的计算

风荷载由屋面（包括女儿墙）风荷载和墙面风荷载两部分组成。对于刚性方案房屋，屋面风荷载以集中力直接通过屋架传至横墙，再由横墙传至基础和地基，因此不会对墙、柱的内力造成影响。墙面风荷载为均布荷载 q，按迎风面（压力）、背风面（吸力）分别考虑。在墙面风荷载 q 作用下，墙、柱内力为 [图 5.11 (b)]

$$\left.\begin{aligned}
R_A &= \frac{3q}{8}H \\
R_B &= \frac{5q}{8}H \\
M_B &= \frac{q}{8}H^2 \\
M_x &= -\frac{qHx}{8}\left(3 - 4\frac{x}{H}\right)
\end{aligned}\right\} \quad (5.7)$$

当 $x=\dfrac{3}{8}H$ 时，$M_{max}=-\dfrac{9qH^2}{128}$。对迎风面：$q=q_1$；对背风面：$q=q_2$。

四、控制截面承载力验算

截面承载力验算时，应先求出各种荷载单独作用下的内力，然后按照《建筑结构荷载规范》（GB 50009）考虑使用过程中可能同时作用的荷载效应进行组合，并取控制截面的最不利内力进行验算。

墙截面宽度取窗间墙宽度。单层房屋纵墙控制截面一般为基础顶面、墙顶截面和墙中部弯矩最大处截面。各控制截面既有轴力又有弯矩，均按偏心受压进行承载力验算。墙上有梁时，墙顶截面还应验算砌体局部受压承载力。对于变截面墙、柱，还应视情况在变截面处增加两个控制截面，分别在变截面上、下位置。

5.3.2　多层刚性方案房屋承重纵墙计算

一、计算单元的选取

与单层房屋一样，一般取一个开间为计算单元。计算单元的受荷宽度为 $s=(s_1+s_2)/2$（图 5.12），计算简图中的墙体计算截面宽度 B 为：

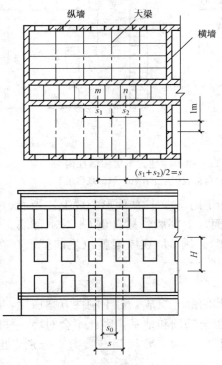

图 5.12　多层刚性方案房屋计算单元

（1）有门窗洞口时，B 一般取一个开间的门间墙或窗间墙。

（2）无门窗洞口时，对带壁柱墙，B 取壁柱宽 b 加 $2/3$ 层高 H，即 $B=b+2H/3$；对无壁柱墙，B 取 $2/3$ 层高，但均不超过开间宽，即 $B\leqslant(s_1+s_2)/2$。

二、竖向荷载作用下的计算

在竖向荷载作用下，多层刚性方案房屋的承重纵墙如同一根竖向放置的连续梁，而屋盖、各层楼盖及基础则是连续梁的支点。

考虑到屋盖、楼盖的梁或板嵌置于承重墙内，致使墙体的连续性受到削弱，而被削弱的墙体所能传递的弯矩很小，因此为简化计算，假定墙体在屋盖、楼盖处为铰接。另外，在基础顶面处墙体的轴力远比弯矩大，所引起的偏心距 $e=M/N$ 也很小，按轴心受压和偏心受压的计算结果相差不大，因此墙体在基础顶面处也可假定为铰接。这样，多层刚性方案房屋在竖向荷载作用下，墙体在每层高度范围内均可近似地视为两端铰支的竖向构件，其计算简图如图 5.13 所示。

将多层刚性方案房屋中的任一层取出进行内力计算，如图 5.14 所示。则可得上端 Ⅰ—Ⅰ 截面内力为

$$\left.\begin{array}{l}N_{\rm I}=N_u+N_l\\M_{\rm I}=N_l e_l-N_u e_0\end{array}\right\} \tag{5.8a}$$

下端 Ⅱ—Ⅱ 截面内力为

$$\left.\begin{array}{l}N_{\rm II}=N_u+N_l+G\\M_{\rm II}=0\end{array}\right\} \tag{5.8b}$$

式中　N_u——上面楼层传来的荷载，可视作作用于上一楼层的墙、柱的截面重心处。

N_l——本层墙顶楼盖（屋盖）的梁或板传来的荷载，《规范》规定：当梁支撑于墙上时，梁端支承压力 N_l 到墙内边的距离应取梁端有效支承长度的 0.4 倍，即取 $0.4a_0$；当板支撑于墙上时，板端支承压力 N_l 到墙内边的距离可取板的实际长度 a 的 0.4 倍。

G——本层墙体自重（包括内外粉刷、门窗自重等）。

e_l——N_l 对本层墙体截面形心的偏心距。

e_0——上、下墙体形心线之间的距离，当上、下层墙体厚度相同时，$e_0 = 0$。

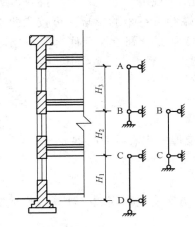

图 5.13　竖向荷载作用下计算简图

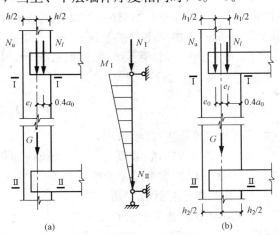

图 5.14　墙体荷载与内力

三、风荷载作用下的计算

水平荷载作用下，墙、柱可视作竖向连续梁，如图 5.15 所示。为简化计算，刚性方案多层房屋的外墙，风荷载引起的各层上、下端的弯矩可按两端固定梁计算，即

$$M = \frac{1}{12}qH_i^2 \qquad (5.9)$$

式中　q——沿楼层高均布风荷载设计值，kN/m；

H_i——第 i 层层高，m。

《规范》规定：当刚性方案多层房屋的外墙符合下列要求时，静力计算可不考虑风荷载的影响，而仅按竖向荷载验算墙体的承载力：

（1）洞口水平截面面积不超过全截面面积的 2/3。

（2）层高和总高不超过表 5.3 的规定。

（3）屋面自重不小于 0.8kN/m²。

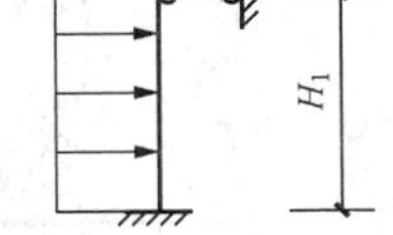

图 5.15　风荷载作用下计算简图

表 5.3　　　　　　　　　　外墙不考虑风荷载影响时的最大高度

基本风压值（kN/m²）	层高（m）	总高（m）	基本风压值（kN/m²）	层高（m）	总高（m）
0.4	4.0	28	0.6	4.0	18
0.5	4.0	24	0.7	3.5	18

注　对于多层混凝土砌块房屋，当外墙厚度不小于 190mm、层高不大于 2.8m、总高不大于 19.6m、基本风压不大于 0.7kN/m² 时，可不考虑风荷载的影响。

四、控制截面承载力验算

每层墙取两个控制截面，Ⅰ—Ⅰ截面弯矩较大，Ⅱ—Ⅱ截面轴力较大。Ⅰ—Ⅰ截面位于墙体顶部大梁（或板）底面，按偏心受压和梁下局部受压验算承载力；Ⅱ—Ⅱ截面位于该层墙体下部大梁（或板）底面，按轴心受压验算承载力；对于底层墙，Ⅱ—Ⅱ截面取基础顶面。

若多层砌体房屋中各层墙体的截面和材料强度相同时，只需验算最下一层即可。

当楼面梁支承于墙上时，梁端上下的墙体对梁端转动有一定的约束作用，因而梁端也有一定的约束弯矩。当梁的跨度较小时，约束弯矩可以忽略；但当梁的跨度较大时，约束弯矩将在梁端上下墙体内产生弯矩，使墙体偏心距增大。因此，《规范》规定：对于梁跨度大于9m的墙承重的多层房屋，按上述方法计算时，应考虑梁端约束弯矩的影响。可按梁两端固结计算梁端弯矩，再将其乘以修正系数 γ 后，按墙体线性刚度分到上层墙底部和下层墙顶部，修正系数 γ 可按下式计算

$$\gamma = 0.2\sqrt{\frac{a}{h}} \tag{5.10}$$

式中　　a——梁端实际支承长度；

　　　　h——支承墙体的墙厚，当上下墙厚不同时取下部墙厚，当有壁柱时取 h_T。

5.3.3　多层刚性方案房屋承重横墙计算

一、计算单元和计算简图

通常情况下纵墙长度较长，但其间距不大，符合刚性方案房屋对横墙（计算横墙时纵墙为其横墙）间距的要求，故横墙计算可按刚性方案考虑。

由于横墙一般承受屋盖和楼盖传来的均布线荷载，因而可沿墙长取1m宽横墙作为计算单元。计算简图为每层横墙视为两端不动铰接的竖向构件，支承于屋盖或楼盖上；构件的高度为层高，但当顶层为坡屋顶时，其层高取为层高加1/2山墙尖高；对底层，墙下端支点的位置可取在基础顶面。其计算简图如图5.16所示。

除山墙外，横墙承受其两边屋、楼盖传来的竖向力 N_{l1}、N_{l2}，上层传来的轴力 N_u 及本层墙自重 G（图5.17）。

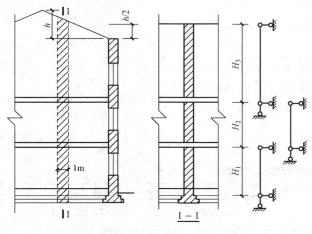

图5.16　横墙计算简图

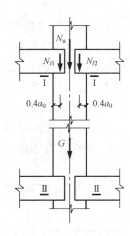

图5.17　横墙荷载

二、控制截面承载力验算

当 $N_{l1}=N_{l2}$ 时，沿整个横墙高度仅承受轴心压力，横墙的控制截面取该层墙体的底部 Ⅱ—Ⅱ 截面，此处轴力最大。当 $N_{l1}\neq N_{l2}$ 时，顶部截面将产生弯矩，则需验算 Ⅰ—Ⅰ 截面的偏心受压承载力。当墙体支承梁时，还需验算砌体的局部受压承载力。

当横墙上有洞口时应考虑洞口削弱的影响。

5.4　弹性与刚弹性方案房屋墙、柱的计算

5.4.1　弹性方案房屋墙、柱的计算

一、计算简图

取一个开间为计算单元。单层弹性方案房屋的内力计算按有侧移的平面排架计算，并假定：①屋架（或屋面梁）与墙柱顶端铰接，下端嵌固于基础顶面；②屋架（或屋面梁）视为刚度无限大的系杆，在轴力作用下柱顶水平位移相等。其计算简图如图 5.18（a）所示。计算步骤如下：

（1）在排架上端加一不动水平铰支座，形成无侧移的平面排架，其内力分析同刚性方案，求出支座反力 R 及内力。

（2）把已求出的反力 R 反向作用于排架顶端，求出其内力。

（3）将上述两步求出的内力进行叠加，则可得到按有侧移平面排架的结果。

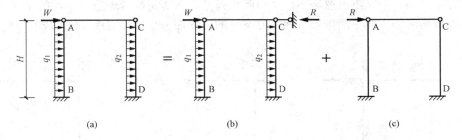

图 5.18　单层弹性方案房屋计算简图及风荷载作用下内力计算方法

二、屋盖荷载作用下的内力

当屋盖荷载对称时，排架柱顶将不产生侧移，因此内力计算与刚性方案相同。以单层单跨等截面墙为例（图 5.19），其内力为

$$\left.\begin{array}{l} M_A = M_C = M \\[2mm] M_B = M_D = -\dfrac{M}{2} \\[2mm] M_x = \dfrac{M}{2}\left(2-3\dfrac{x}{H}\right) \end{array}\right\} \qquad (5.11)$$

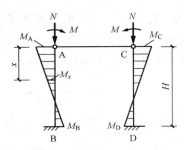

图 5.19　屋盖荷载作用下内力

三、风荷载作用下的内力

在风荷载作用下排架产生侧移。

（1）假定在排架顶端加一个不动铰支座，与刚性方案相同。由图 5.18（b）可得

$$R = W + \frac{3}{8}(q_1 + q_2)H$$

$$M_B^1 = \frac{1}{8}q_1 H^2 \qquad\qquad (5.12a)$$

$$M_D^1 = -\frac{1}{8}q_2 H^2$$

（2）将反力 R 反向作用于排架顶端，由图 5.18（c）可得

$$M_B^2 = \frac{1}{2}RH = \frac{W}{2}H + \frac{3}{16}(q_1 + q_2)H^2$$

$$M_D^2 = -\frac{1}{2}RH = -\left[\frac{W}{2}H + \frac{3}{16}(q_1 + q_2)H^2\right] \qquad (5.12b)$$

（3）叠加上述两步求出的内力可得

$$M_B = M_B^1 + M_B^2 = \frac{W}{2}H + \frac{5}{16}q_1 H^2 + \frac{3}{16}q_2 H^2$$

$$M_D = M_D^1 + M_D^2 = -\left(\frac{W}{2}H + \frac{3}{16}q_1 H^2 + \frac{5}{16}q_2 H^2\right) \qquad (5.12c)$$

由于弹性方案房屋不考虑房屋的空间作用，按排架（或框架）计算时，通常厚度的多层房屋墙、柱不易满足承载力要求，故多层混合结构房屋应避免设计成弹性方案房屋。

5.4.2 单层刚弹性方案房屋墙、柱的计算

刚弹性方案房屋的空间刚度介于刚性方案与弹性方案之间，在荷载作用下，房屋的水平位移比弹性方案要小，但又不可忽略不计。因此刚弹性方案房屋按考虑空间工作的平面排架进行分析，其计算简图采用在平面排架（弹性方案）的柱顶加一个弹性支座［图 5.20（a）］。

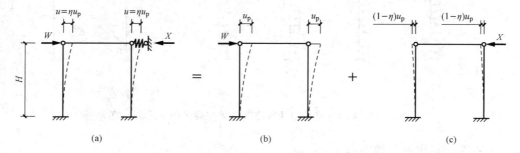

图 5.20 单层刚弹性方案房屋计算简图

假设在顶点水平集中力 W 的作用下，产生的弹性支座反力为 X，柱顶水平位移为 $u = \eta u_p$，较无弹性支座时柱顶水平位移 u_p 小，减小的水平位移 $(1-\eta)u_p$ 可视为弹性支座反力 X 引起的［图 5.20（c）］。假设排架柱顶的不动铰支座反力为 R，根据位移与力成正比的关系可求出弹性支座反力，即由

$$\frac{X}{R} = \frac{(1-\eta)u_p}{u_p} = 1 - \eta$$

则

$$X = (1-\eta)R \qquad\qquad (5.13)$$

考虑弹性支座反力 X 后，即可与弹性方案房屋计算相似，按以下步骤进行内力计算（图 5.21）：

（1）在排架柱顶附加一个不动铰支座［图 5.21（b）］，计算出支座反力 R 和相应的内力。

（2）为消除附加的不动铰支座的影响，将不动铰支座反力 R 反向作用于排架柱顶，并与弹性支座反力 $(1-\eta)R$ 进行叠加，得到排架柱顶实际承受的水平力为 $R-(1-\eta)R=\eta R$，因此计算时只需将 ηR 反向作用于排架柱顶［图 5.21（c）］，求得各柱的内力。

（3）将上述两步所得的柱内力进行叠加，则可得到排架柱的实际内力。

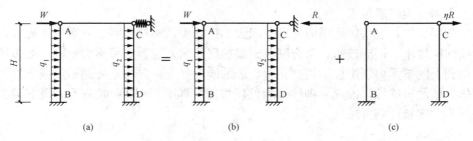

图 5.21　单层刚弹性方案房屋计算方法

控制截面一般为墙、柱顶和基础顶面。如墙、柱变截面，变截面处也应作为控制截面。截面承载力验算时，根据使用过程中可能出现的荷载组合，取其不利者进行验算。

5.4.3　多层刚弹性方案房屋墙、柱的计算

一、多层刚弹性方案房屋的内力分析方法

多层房屋除了在同一层各开间之间存在类似于单层房屋的空间作用之外，层与层之间也有相互影响的空间作用。

在水平荷载作用下，多层刚弹性方案房屋的内力分析可仿照单层刚弹性方案房屋，取一个开间的多层房屋为计算单元，按考虑空间工作的平面排架（或框架）计算，其计算简图如图 5.22（a）所示。计算步骤如下：

（1）在平面计算简图的多层横梁与柱联结处加一水平铰支杆［图 5.22（b）］，计算其在水平荷载作用下无侧移时的内力和各杆支反力 R_i（$i=1$，2，…，n）。

（2）将支杆反力 R_i 乘以相应的 η_i，反向作用排架（或框架）的各横梁处［图 5.22（c）］，计算出有侧移排架内力。

（3）将上述两步所得的相应内力叠加，则可得到实际内力。

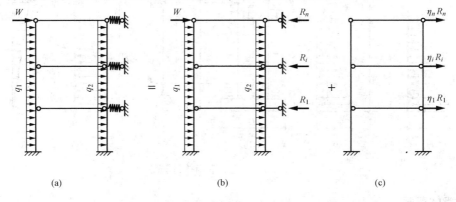

图 5.22　多层刚弹性方案房屋计算简图与方法

二、上柔下刚多层房屋计算

对于多层房屋，当房屋下部各层横墙间距较小、横墙较密，符合刚性方案房屋要求，而顶层的使用空间大、横墙少，不符合刚性方案房屋要求，这种房屋称为上柔下刚多层房屋。

计算上柔下刚多层房屋时，顶层可按单层房屋进行计算，其空间性能影响系数可根据屋盖类别按表 5.1 采用。下部各层仍按刚性方案进行计算。

三、上刚下柔多层房屋

对于多层房屋，当房屋底层的使用空间大、横墙少，不符合刚性方案房屋要求，而上部各层横墙间距较小、横墙较密，符合刚性方案房屋要求，这种房屋称为上刚下柔多层房屋。

考虑到上刚下柔多层房屋结构存在着显著的刚度突变，在构造处理不当或偶发事件中存在着整体失效的可能性，因此《砌体结构设计规范》（GB 50003）取消了上刚下柔多层房屋的静力计算方案及计算方法。

5.5　地下室墙体的计算

对设有地下室的混合结构房屋，为了保证上部结构有较好的刚度，要求地下室横墙布置较密，纵横墙之间有很好的拉结，因此地下室墙体的静力计算方案一般为刚性方案。由于地下室墙体除承受上部荷载之外，还需承受土侧压力，墙体比首层墙体要厚，一般可不进行墙体高厚比的验算。施工阶段回填土时，土压力可能造成基础底面滑移，故有时要进行基底抗滑移验算。

5.5.1　计算简图

地下室墙体可取一个开间作为计算单元，其计算简图与刚性方案房屋上部的墙体类似，墙体上端铰支于地下室顶盖梁或板的底面，下端铰支于底板顶面 [图 5.23 （d）]；但当施工期间尚未浇捣混凝土地面，或当混凝土地面尚未结硬就进行回填土时，墙体下端铰支于基础底面 [图 5.23 （e）]；当地下室墙体的厚度 d 与地下室基础的宽度 D 之比 $d/D<0.7$ 时，基础的刚度较大，墙体下端按弹性嵌固考虑，并认为下端支承于基础底面。

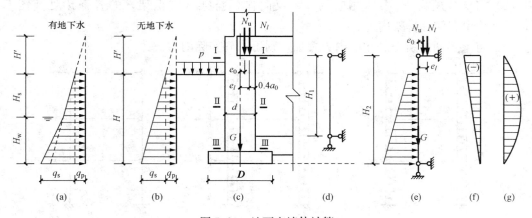

图 5.23　地下室墙体计算

5.5.2　墙体荷载

地下室墙体承受的荷载及计算方法与上部墙体基本相同，不同的是墙体还承受土侧压力而无风荷载。承受的荷载主要有：上部砌体传来的荷载 N_u，作用于底层墙体截面的形心；地下室顶盖梁、板传来的力 N_l，作用于距墙体内侧 $0.4a_0$ 处 [图 5.23（c）]；土侧压力 q_s。

当无地下水时，按库仑土压力理论，土的主动侧压力为 [图 5.23（b）]

$$q_s = \gamma B H \tan^2\left(45° - \frac{\varphi}{2}\right) \qquad (5.14)$$

式中　γ——回填土的天然重力密度；

　　　B——计算单元长度；

　　　H——地表面以下产生侧压力土的深度；

　　　φ——土的内摩擦角。

当有地下水时，应考虑水的浮力，此时土的侧压力为 [图 5.23（a）]

$$q_s = B(\gamma H - \gamma_w H_w)\tan^2\left(45° - \frac{\varphi}{2}\right) + \gamma_w B H_w \qquad (5.15)$$

式中　γ_w——地下水的重力密度，一般可取 10kN/m^3；

　　　H_w——受地下水影响的高度。

室外地面活荷载 p 系指堆积在室外地面上的建筑材料、车辆等产生的荷载，其值应按实际情况采用，如无特殊要求一般可取 $p=10\text{kN/m}^2$。计算时 p 可将换算成当量厚度的土层，其厚度为 $H'=p/\gamma$，对墙体的侧压力 q_p 认为是均匀分布的，其值为

$$q_p = \gamma B H'\tan^2\left(45° - \frac{\varphi}{2}\right) \qquad (5.16)$$

5.5.3　内力计算及截面验算

地下室墙体内力按结构力学方法确定，其中竖向荷载和水平荷载作用下的弯矩分别如图 5.23（f）和图 5.23（g）所示。当墙体下端按弹性嵌固考虑时，底部约束弯矩 M 可按下式计算

$$M = \frac{M_0}{1 + \dfrac{3E}{CH_2}\left(\dfrac{d}{D}\right)^3} \qquad (5.17)$$

式中　M_0——按墙体下端完全固定时计算的固端弯矩；

　　　E——墙砌体的弹性模量；

　　　H_2——地下室顶盖底面至基础底面的距离；

　　　C——地基刚度系数，可按表 5.4 采用。

表 5.4　　　　　　　　　　　　　　　地基刚度系数 C

地基承载力特征值（kPa）	地基刚度系数 C（kN/m²）	地基承载力特征值（kPa）	地基刚度系数 C（kN/m²）
≤150	≤3000	600	10 000
350	6000	>600	>10 000

对地下室墙体，一般取墙体顶部截面（Ⅰ—Ⅰ）、底部截面（Ⅲ—Ⅲ）和最大弯矩截面（Ⅱ—Ⅱ）为控制截面。Ⅰ—Ⅰ截面按偏心受压和局部受压分别验算承载力，Ⅲ—Ⅲ截面按轴心受压验算承载力，Ⅱ—Ⅱ截面按偏心受压验算承载力。

5.5.4　施工阶段抗滑移验算

施工阶段回填土时，土对地下室墙体将产生侧压力。如果这时上部结构产生的轴向力还

较小（上部结构未建成），则应按下列公式中最不利组合验算基础底面的抗滑移能力

$$1.2V_{sk} + 1.4\gamma_L V_{pk} \leqslant 0.8\mu N_k \tag{5.18a}$$

$$1.35V_{sk} + 1.4\gamma_L \psi_C V_{pk} \leqslant 0.8\mu N_k \tag{5.18b}$$

式中　V_{sk}——土侧压力合力的标准值；

　　　V_{pk}——室外地面施工活荷载产生的侧压力合力的标准值；

　　　μ——基础与土的摩擦系数；

　　　N_k——回填土时基础底面实际存在的轴向力标准值。

5.6　混合结构房屋的构造要求

5.6.1　墙、柱的高厚比验算

对于混合结构房屋中的墙、柱受压构件，除要满足承载力要求外，还需满足稳定性要求。《规范》用验算墙、柱高厚比的方法来保证在施工和使用阶段墙、柱的稳定性，即要求墙、柱高厚比不超过允许高厚比。

墙、柱高厚比验算包括两方面，一是允许高厚比，二是墙、柱高厚比的确定。

一、允许高厚比[β]

允许高厚比[β]与墙、柱的承载力计算无关，主要是根据墙、柱的稳定性由实践经验确定的。而砂浆的强度等级直接影响砌体的弹性模量，进而影响墙、柱稳定性。《规范》给出了墙、柱的允许高厚比[β]值，应按表5.5采用。

表5.5　　　　　　　　　　　**墙、柱的允许高厚比[β]值**

砌体类型	砂浆强度等级	墙	柱
无筋砌体	M2.5	22	15
	M5.0 或 Mb5.0、Ms5.0	24	16
	≥M7.5 或 Mb7.5、Ms7.5	26	17
配筋砌块砌体	—	30	21

注　1. 毛石墙、柱允许高厚比应按表中数值降低20%；

　　2. 带有混凝土或砂浆面层的组合砖砌体构件的允许高厚比，可按表中数值提高20%，但不得大于28；

　　3. 验算施工阶段砂浆尚未硬化的新砌砌体高厚比时，允许高厚比对墙取14，对柱取11。

二、墙、柱的计算高度 H_0

理论分析和工程经验指出，与墙体可靠连接的横墙间距越小，墙体的稳定性越好；带壁柱墙和带构造柱墙的局部稳定随壁柱间距、构造柱间距、圈梁间距的减小而提高；刚性方案房屋的墙、柱在屋、楼盖支承处侧移小，其稳定性好。这些因素在墙、柱的计算高度 H_0 中考虑。

墙、柱的计算高度 H_0，应根据房屋类别和构件支承条件等按表5.6采用。表中的构件高度 H，应按下列规定采用：

（1）在房屋底层，为楼板顶面到构件下端支点的距离。下端支点的位置，可取在基础顶面。当埋置较深且有刚性地坪时，可取室外地面下500mm处。

（2）在房屋其他层，为楼板或其他水平支点间的距离。

（3）对于无壁柱的山墙，可取层高加山墙尖高度的 1/2；对于带壁柱的山墙可取壁柱处的山墙高度。

表 5.6　　　　　　　　　　　　受压构件的计算高度 H_0

房　屋　类　别			柱		带壁柱墙或周边拉结的墙		
			排架方向	垂直排架方向	$s>2H$	$2H\geqslant s>H$	$s\leqslant H$
有吊车的单层房屋	变截面柱上段	弹性方案	$2.5H_u$	$1.25H_u$	$2.5H_u$		
		刚性、刚弹性方案	$2.0H_u$	$1.25H_u$	$2.0H_u$		
		变截面柱下段	$1.0H_l$	$0.8H_l$	$1.0H_l$		
无吊车的单层和多层房屋	单　跨	弹性方案	$1.5H$	$1.0H$	$1.5H$		
		刚弹性方案	$1.2H$	$1.0H$	$1.2H$		
	多　跨	弹性方案	$1.25H$	$1.0H$	$1.25H$		
		刚弹性方案	$1.10H$	$1.0H$	$1.1H$		
	刚性方案		$1.0H$	$1.0H$	$1.0H$	$0.4s+0.2H$	$0.6s$

注　1. 表中 H_u 为变截面柱的上段高度，H_l 为变截面柱的下段高度；
　　2. 对于上端为自由端的构件，$H_0=2H$；
　　3. 独立砖柱，当无柱间支撑时，柱在垂直排架方向的 H_0 应按表中数值乘以 1.25 后采用；
　　4. s 为房屋横墙间距；
　　5. 自承重墙的计算高度应根据周边支承或拉接条件确定。

对有吊车的房屋，当荷载组合不考虑吊车作用时，变截面柱上段的计算高度可按上述规定采用；变截面柱下段的计算高度，可按下列规定采用：

（1）当 $\dfrac{H_u}{H}\leqslant 1/3$ 时，取无吊车房屋的 H_0；

（2）当 $1/3<\dfrac{H_u}{H}<1/2$ 时，取无吊车房屋的 H_0 乘以修正系数，修正系数可按下式计算

$$\mu = 1.3-0.3\frac{I_u}{I_l} \tag{5.19}$$

（3）当 $\dfrac{H_u}{H}\geqslant 1/2$ 时，取无吊车房屋的 H_0。但在确定 β 值时，应采用上柱截面。

对无吊车房屋的变截面柱也可按上述规定采用。

三、一般墙、柱的高厚比验算

墙、柱的高厚比应按下式验算

$$\beta = \frac{H_0}{h}\leqslant \mu_1\mu_2[\beta] \tag{5.20}$$

式中　H_0——墙、柱的计算高度，按表 5.6 采用；

　　　　h——墙厚或矩形柱与 H_0 相对应的边长；

　　　　μ_1——自承重墙允许高厚比的修正系数；

　　　　μ_2——有门窗洞口墙允许高厚比的修正系数；

　　　　$[\beta]$——墙、柱的允许高厚比，按表 5.5 采用。

当与墙连接的相邻两横墙间的距离 $s\leqslant\mu_1\mu_2[\beta]h$ 时，墙的高度可不受式（5.20）限制。变截面柱的高厚比可按上、下截面分别验算，验算上柱的高厚比时，墙、柱的允许高厚比可

按表 5.5 的数值乘以 1.3 后采用。

厚度 $h \leqslant 240$mm 的自承重墙，允许高厚比修正系数 μ_1，应按下列规定采用：

（1）$h = 240$mm，$\mu_1 = 1.2$；$h = 90$mm，$\mu_1 = 1.5$；240mm$> h > 90$mm，μ_1 可按插入法取值；

（2）上端为自由端墙的允许高厚比，除按上述规定提高外，尚可提高 30%；

（3）对厚度小于 90mm 的墙，当双面用不低于 M10 的水泥砂浆抹面，包括抹面层的墙厚不小于 90mm 时，可按墙厚等于 90mm 验算高厚比。

对有门窗洞口的墙，允许高厚比修正系数，应符合下列要求：

（1）允许高厚比修正系数 μ_2 应按下式计算

$$\mu_2 = 1 - 0.4 \frac{b_s}{s} \tag{5.21}$$

式中　b_s——在宽度 s 范围内的门窗洞口总宽度，如图 5.24 所示；

　　　s——相邻横墙或壁柱（构造柱）之间的距离。

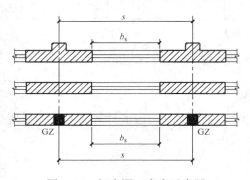

图 5.24　门窗洞口宽度示意图

（2）当按式（5.21）计算的 μ_2 的值小于 0.7 时，应采用 0.7。当洞口高度等于或小于墙高的 1/5 时，可取 μ_2 等于 1.0。

（3）当洞口高度大于或等于墙高的 4/5 时，可按独立墙段验算高厚比。

四、带壁柱墙的高厚比验算

带壁柱墙或下述的带构造柱墙的高厚比验算应按两部分分别进行：横墙之间整片墙的高厚比验算及壁柱间墙或构造柱间墙的高厚比验算。

（一）整片墙的高厚比验算

$$\beta = \frac{H_0}{h_T} \leqslant \mu_1 \mu_2 [\beta] \tag{5.22}$$

式中　H_0——带壁柱墙的计算高度，按表 5.6 采用，此时 s 应取与之相交相邻横墙间的距离 s_w，如图 5.25 所示；

　　　h_T——带壁柱墙截面的折算厚度，$h_T = 3.5i$；

　　　i——带壁柱墙截面的回转半径，$i = \sqrt{\dfrac{I}{A}}$；

　　I, A——带壁柱墙截面的惯性矩和截面面积。此时带壁柱墙的计算截面翼缘宽度 b_f 可按下列规定采用：①多层房屋，当有门窗洞口时，可取窗间墙宽度；当无门窗洞口时，每侧翼墙宽度可取壁柱高度的 1/3；②单层房屋，可取壁柱宽加 2/3 墙高，但不大于窗间墙宽度和相邻壁柱间距离；③计算带壁柱墙的条形基础时，可取相邻壁柱间的距离。

（二）壁柱间墙的高厚比验算

按式（5.20）验算壁柱间墙的高厚比，此时壁柱可视为壁柱间墙的不动铰支座。确定 H_0 时，s 应取相邻壁柱间的距离，如图 5.25 所示，且不论带壁柱墙体的房屋属何种静力计算方案，均按刚性方案考虑。

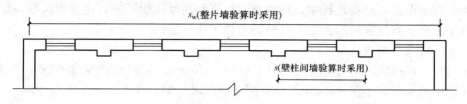

图 5.25　带壁柱墙高厚比验算图

五、带构造柱墙的高厚比验算

（一）整片墙的高厚比验算

当构造柱截面宽度不小于墙厚时，可按下式验算带构造柱墙的高厚比

$$\beta = \frac{H_0}{h} \leqslant \mu_1 \mu_2 \mu_c [\beta] \tag{5.23}$$

$$\mu_c = 1 + \gamma \frac{b_c}{l} \tag{5.24}$$

式中　H_0——带壁柱墙的计算高度，按表 5.6 采用，此时 s 应取相邻横墙间的距离 s_w；

　　h——墙厚；

　　μ_c——带构造柱墙的允许高厚比 $[\beta]$ 提高系数；

　　γ——系数。对细料石、半细料石砌体，$\gamma=0$，对混凝土砌块、混凝土多孔砖、粗料石、毛料石及毛石砌体，$\gamma=1.0$，其他砌体，$\gamma=1.5$；

　　b_c——构造柱沿墙长方向的宽度；

　　l——构造柱的间距。

当 $\frac{b_c}{l} > 0.25$ 时，取 $\frac{b_c}{l} = 0.25$；当 $\frac{b_c}{l} < 0.05 \left(即 \frac{l}{b_c} > 20 \right)$ 时，表明构造柱间距过大，对提高墙体稳定性和刚度作用已很小，取 $\frac{b_c}{l} = 0$。

应当注意，由于在施工过程中大多是先砌筑墙体后浇注构造柱，因此考虑构造柱有利作用的高厚比验算不适用于施工阶段，应注意采取措施保证设构造柱墙在施工阶段的稳定性。

（二）构造柱间墙的高厚比验算

仍按式（5.20）验算构造柱间墙的高厚比，此时构造柱可视为构造柱间墙的不动铰支座。确定 H_0 时，s 应取相邻构造柱间的距离，且不论带构造柱墙体的房屋属何种静力计算方案，均按刚性方案考虑。

对壁柱间墙或带构造柱墙的高厚比验算，是为了保证壁柱间墙和带构造柱墙的局部稳定。如高厚比验算不满足要求，可在墙中设置钢筋混凝土圈梁。《规范》规定：设有钢筋混凝土圈梁的带壁柱墙或带构造柱墙，当 $\frac{b}{s} \geqslant \frac{1}{30}$ 时，圈梁可视作壁柱间墙或构造柱间墙的不动铰支点（b 为圈梁宽度）。当不满足上述条件且不允许增加圈梁宽度，可按墙体平面外等刚度原则增加圈梁高度，此时，圈梁仍可视为壁柱间墙或构造柱间墙的不动铰支点。

5.6.2 一般构造要求

砌体结构的设计，除要进行墙、柱承载力计算和高厚比验算外，还必须满足一定的构造要求，以保证房屋有足够的耐久性和良好的整体工作性能。

一、墙、柱尺寸要求

承重的独立砖柱截面尺寸不应小于 240mm×370mm。毛石墙的厚度不宜小于 350mm，毛料石柱较小边长不宜小于 400mm。当有振动荷载时，墙、柱不宜采用毛石砌体。

二、连接与支承的构造要求

（1）预制钢筋混凝土板的支承长度，在墙上不宜小于 100mm；在钢筋混凝土圈梁上不宜小于 80mm；当利用板端伸出钢筋拉结和混凝土灌缝时，其支承长度可为 40mm，但板端缝宽不小于 80mm，灌缝混凝土不宜低于 C20。

（2）墙体转角处和纵横向交接处应沿竖向每隔 400～500mm 设拉结钢筋，其数量为每 120mm 墙厚不少于 1 根直径 6mm 的钢筋；或采用焊接钢筋网片，埋入长度从墙的转角或交接处算起，对实心砖墙每边不小于 500mm，对多孔砖墙和砌块墙不小于 700mm。

（3）填充墙、隔墙应分别采取措施与周边主体结构构件可靠连接，连接构造和嵌缝材料应能满足传力、变形、耐久和防护要求。

（4）山墙处的壁柱或构造柱宜砌至山墙顶部，且屋面构件应与山墙可靠拉结。

（5）支承在墙、柱上的吊车梁、屋架及跨度大于或等于下列数值的预制梁的端部：对砖砌体为 9m；对砌块和料石砌体为 7.2m。应采用锚固件与墙、柱上的垫块锚固。

（6）跨度大于 6m 的屋架和跨度大于下列数值的梁：对砖砌体为 4.8m；对砌块和料石砌体为 4.2m；对毛石砌体为 3.9m。应在支承处砌体上设置混凝土或钢筋混凝土垫块；当墙中设有圈梁时，垫块与圈梁宜浇成整体。

（7）当梁跨度大于或等于下列数值时：对 240mm 厚的砖墙为 6m，对 180mm 厚的砖墙为 4.8m；对砌块、料石墙为 4.8m。其支承处宜加设壁柱，或采取其他加强措施。

三、混凝土砌块墙体的构造要求

（1）砌块砌体应分皮错缝搭砌，上下皮搭砌长度不应小于 90mm。当搭砌长度不满足上述要求时，应在水平灰缝内设置不少于 2 根直径不小于 4mm 的焊接钢筋网片（横向钢筋的间距不应大于 200mm，网片每端应伸出该垂直缝不小于 300mm）。

（2）砌块墙与后砌隔墙交接处，应沿墙高每 400mm 在水平灰缝内设置不少于 2 根直径不小于 4mm、横筋间距不应大于 200mm 的焊接钢筋网片，如图 5.26 所示。

（3）混凝土砌块房屋，宜将纵横墙交接处，距墙中心线每边不小于 300mm 范围内的孔洞，采用不低于 Cb20 灌孔混凝土沿全高灌实。

（4）混凝土砌块墙体的下列部位，如未设圈梁或混凝土垫块，应采用不低于 Cb20 灌孔混凝土将孔洞灌实：搁栅、檩条和钢筋混凝土楼板的支承面下，高度不应小于 200mm 的砌体；屋架、梁等

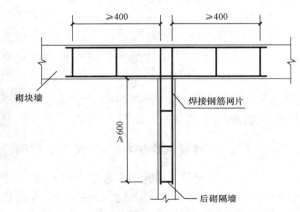

图 5.26 砌块墙与后砌隔墙交接处钢筋网片

构件的支承面下，高度不应小于 600mm，长度不应小于 600mm 的砌体；挑梁支承面下，距墙中心线每边不应小于 300mm，高度不应小于 600mm 的砌体。

四、砌体中留槽洞及埋设管道的构造要求

在砌体中留槽洞及埋设管道时，应遵守下列规定：不应在截面长边小于 500mm 的承重墙体、独立柱内埋设管线；不宜在墙体中穿行暗线或预留、开凿沟槽，无法避免时应采取必要的措施或按削弱后的截面验算墙体的承载力。对受力较小或未灌孔的砌块砌体，允许在墙体的竖向孔洞中设置管线。

5.6.3　框架填充墙的构造要求

框架填充墙是指在框架结构中砌筑的墙体。框架（含框剪）结构填充墙等非结构构件在历次大地震中均遭到不同程度破坏，有的损害甚至超出了主体结构，导致不必要的经济损失，尤其高级装修条件下的高层建筑的损失更为严重。同样也曾发生过受较大水平风荷载作用而导致墙体毁坏并殃及地面建筑、行人的案例。因此有必要采取措施防止或减轻该类墙体的震害或强风作用。

一、基本构造要求

（1）框架填充墙墙体除应满足稳定要求外，尚应考虑水平风荷载及地震作用的影响。地震作用可按现行国家标准《建筑抗震设计规范》（GB 50011）中非结构构件的规定计算。

（2）在正常使用和正常维护条件下，填充墙的使用年限宜与主体结构相同，结构的安全等级可按二级考虑。

二、填充墙的构造设计

填充墙的构造设计，应符合下列规定：

（1）填充墙宜选用轻质块体材料，其强度等级应符合《规范》自承重墙的规定。

（2）填充墙砌筑砂浆的强度等级不宜低于 M5（Mb5、Ms5）。

（3）填充墙墙体墙厚不应小于 90mm。

（4）用于填充墙的夹心复合砌块，其两肢块体之间有拉结。

三、填充墙与框架的连接

填充墙与框架的连接，可根据设计要求采用脱开或不脱开方法。有抗震设防要求时宜采用填充墙与框架脱开的方法。

（一）当填充墙与框架采用脱开的方法时宜符合的规定

（1）填充墙两端与框架柱，填充墙顶面与框架梁之间留出不小于 20mm 的间隙。

（2）填充墙端部应设置构造柱，柱间距宜不大于 20 倍墙厚且不大于 4000mm，柱宽度不小于 100mm；柱竖向钢筋不宜小于 φ10，箍筋宜为 ϕ^R5，竖向间距不宜大于 400mm。竖向钢筋与框架梁或其挑出部分的预埋件或预留钢筋连接，绑扎接头时不小于 30d，焊接时（单面焊）不小于 10d（d 为钢筋直径）。柱顶与框架梁（板）应预留不小于 15mm 的缝隙，用硅酮胶或其他弹性密封材料封缝。当填充墙有宽度大于 2100mm 的洞口时，洞口两侧应加设宽度不小于 50mm 的单筋混凝土柱。

（3）填充墙两端宜卡入设在梁、板底及柱侧的卡口铁件内，墙侧卡口板的竖向间距不宜大于 500mm，墙顶卡口板的水平间距不宜大于 1500mm。

（4）墙体高度超过 4m 时宜在墙高中部设置与柱连通的水平系梁。水平系梁的截面高度不小于 6mm。填充墙高不宜大于 6m。

（5）填充墙与框架柱、梁的缝隙可采用聚苯乙烯泡沫塑料板条或聚氨酯发泡材料填充，并用硅酮胶或其他弹性密封材料封缝。

（6）所有连接用钢筋、金属配件、铁件、预埋件等均应作防腐处理，并应符合《规范》耐久性要求的规定；嵌缝材料应能满足变形和防护要求。

（二）当填充墙与框架采用不脱开的方法时宜符合的规定

（1）沿柱高每隔 500mm 配置 2 根直径 6mm 的拉结钢筋（墙厚大于 240mm 时配置 3 根直径 6mm），钢筋伸入填充墙长度不宜小于 700mm，且拉结钢筋应错开截断，相距不宜小于 200mm；填充墙墙顶应与框架梁紧密结合；顶部与上部结构接触处宜用一皮砖或配砖斜砌楔紧。

（2）当填充墙有洞口时，宜在窗洞口的上端或下端、门洞口的上端设置钢筋混凝土带，钢筋混凝土带应与过梁的混凝土同时浇筑，其过梁的断面及配筋由设计确定；钢筋混凝土带的混凝土强度等级不小于 C20。当有洞口的填充墙尽段至门窗洞口边距离小于 240mm 时，宜采用钢筋混凝土门窗框。

（3）填充墙长度超过 5m 或墙长大于 2 倍层高时，墙顶与梁宜有拉接措施，墙体中部应加设构造柱；墙高度超过 4m 时宜在墙高中部设置与柱连接的水平系梁，墙高超过 6m 时，宜沿墙高每 2m 设置与柱连接的水平系梁，梁的截面高度不小于 60mm。

5.6.4 夹心墙的构造要求

夹心墙是指墙体中预留的连续空腔内填充保温或隔热材料，并在墙的内叶和外叶之间用防锈的金属拉结件连接形成的墙体。

一、夹心墙的基本构造要求

（1）夹心墙的夹层厚度，不宜大于 120mm。

（2）外叶墙的砖及混凝土砌块的强度等级，不应低于 MU10。

（3）夹心墙的有效面积，应取承重或主叶墙的面积。高厚比验算时，夹心墙的有效厚度，按下式计算

$$h_l = \sqrt{h_1^2 + h_2^2} \tag{5.25}$$

式中　h_l——夹心复合墙的有效厚度；

　h_1，h_2——内、外叶墙的厚度。

（4）夹心墙外叶墙的最大横向支承间距，宜按下列规定采用：设防烈度为 6 度时不宜大于 9m，7 度时不宜大于 6m，8、9 度时不宜大于 3m。

二、夹心墙的内、外叶墙间应由拉结件可靠拉结，拉结件宜符合的规定

（1）当采用环形拉结件时，钢筋直径不应小于 4mm，当为 Z 形拉结件时，钢筋直径不应小于 6mm；拉结件应沿竖向梅花形布置，拉结件的水平和竖向最大间距分别不宜大于 800mm 和 600mm；对有振动或有抗震设防要求时，其水平和竖向最大间距分别不宜大于 600mm 和 400mm。

（2）当采用可调拉结件（指预埋在夹心墙内、外叶墙的灰缝内，利用可调节特性，消除内外叶墙竖向变形不一致而产生不利影响的拉结件）时，钢筋直径不应小于 4mm，拉结件的水平和竖向最大间距均不宜大于 400mm；叶墙间灰缝的高差不大于 3mm，可调拉结件中孔眼和扣钉间的公差不大于 1.5mm。

（3）当采用钢筋网片作拉结件时，网片横向钢筋的直径不应小于 4mm，其间距不应大于 400mm；网片的竖向间距不宜大于 600mm，对有振动或有抗震设防要求时，不宜大于 400mm。

（4）拉结件在叶墙上的搁置长度，不应小于叶墙厚度的 2/3，并不应小于 60mm。

（5）门窗洞口周边 300mm 范围内应附加间距不大于 600mm 的拉结件。

三、夹心墙的拉结件或网片的选择与设置应符合的规定

（1）夹心墙宜用不锈钢拉结件。拉结件用钢筋制作或采用钢筋网片时，应先进行防腐处理，并应符合耐久性要求的有关规定。

（2）非抗震设防地区的多层房屋，或风荷载较小地区的高层的夹心墙可采用环形或 Z 形拉结件；风荷载较大地区的高层建筑房屋宜采用焊接钢筋网片。

（3）抗震设防地区的砌体房屋（含高层建筑房屋）夹心墙应采用焊接钢筋网作为拉结件；焊接网应沿夹心墙连续通长设置，外叶墙至少有一根纵向钢筋；钢筋网片可计入内叶墙的配筋率，其搭接与锚固长度应符合有关规范的规定。

（4）可调节拉结件宜用于多层房屋的夹心墙，其竖向和水平间距均不应大于 400mm。

5.6.5　防止或减轻墙体开裂的主要措施

混合结构房屋墙体在使用过程中常常出现裂缝，这些裂缝不仅有损房屋外观，给使用者造成心理不安感，还会影响房屋的刚度、整体性和耐久性，严重时会危及房屋的安全。

引起墙体开裂的原因很多，除了设计质量、材料性能、施工质量达不到要求等内在因素外，主要外部因素有两方面：温度和收缩变形、地基不均匀沉降。

当气温变化或材料收缩时，钢筋混凝土屋盖、楼盖和墙体将产生变形，但由于钢筋混凝土的线膨胀系数和收缩率与砖砌体的不同，将产生各自不同的变形，从而引起彼此的约束作用而产生内应力。当温度升高时，由于钢筋混凝土温度变形大而砖砌体温度变形小，砖墙阻碍了屋盖或楼盖的伸长，墙体受水平推力，内外纵墙和横墙因受剪出现正八字形裂缝，外纵墙因受剪在屋盖下出现水平裂缝和包角裂缝，当房屋空间高大时，墙体因受弯在截面薄弱处（如窗间墙处）出现水平裂缝。当温度降低时，钢筋混凝土屋盖或楼盖产生的冷缩或硬化过程中产生的干缩，将在屋盖或楼盖中引起拉应力。当房屋较长时，拉应力可能产生的贯通裂缝将屋盖、楼盖分隔成两个或多个区段。墙体会由于相邻区段屋盖、楼盖朝相反方向收缩而产生竖向裂缝。

当房屋过长、地基土较软，或地基土层分布不均匀、图纸差别较大，或房屋体型复杂、高差较大而导致荷载分布不均匀时，都可能产生过大的不均匀沉降而在墙体中产生附加应力，从而引起墙体开裂。当沉降曲线呈凹形时，房屋纵墙上部受压、下部受拉，裂缝出现在房屋下部，呈八字形分布；当沉降曲线呈凸形时，房屋纵墙下部受压、上部受拉，裂缝出现在房屋上部，呈上宽下窄趋势。

在进行混合结构房屋设计时，应综合考虑提高墙体的抗裂能力，采取有效措施防止或减轻墙体的开裂。

一、防止或减轻由地基不均匀沉降引起墙体开裂的主要措施

防止或减轻由地基不均匀沉降引起的墙体开裂，可根据情况采取下列措施：

（1）设置沉降缝。沉降缝将房屋从上部结构至下部基础全部断开，分成若干个独立的沉降单元。沉降缝宽度可按现行《建筑地基基础设计规范》（GB 50007）的规定取用。高压缩性地基上的房屋可在下列部位设置沉降缝：地基压缩性有显著差异处；房屋的相邻部分高差较大或荷载、结构刚度、地基的处理方法和基础类型有显著差异处；平面形状复杂的房屋转角处和过长房屋的适当部位；分期建造的房屋交接处。

（2）采用合理的建筑和结构形式。软土地基上的房屋体型避免立面高低起伏和平面凹凸曲折。否则宜用沉降缝将其分割成若干平面或立面形状简单的单元。软土地基上房屋的长高比控制在 2.5 以内。

（3）加强房屋整体刚度和强度。合理布置承重墙体，尽可能将纵墙拉通；隔一定距离（不大于房屋宽度的 1.5 倍）设置一道横墙且与纵墙可靠连接；适当设置钢筋混凝土圈梁，圈梁是增强房屋整体刚度的有效措施，特别是基础圈梁和屋顶檐口部位的圈梁对抵抗不均匀沉降最为有效。

（4）合理安排施工顺序，分期施工。先建较重单元，后建较轻单元；埋置较深的基础先施工，易受相邻建筑屋影响的基础后施工等，都可减少建筑物各部分的不均匀沉降。

二、设置伸缩缝

在正常使用条件下，应在墙体中设置伸缩缝。伸缩缝应设在因温度和收缩变形引起应力集中、砌体产生裂缝可能性最大处。伸缩缝的间距可按表 5.7 采用。

表 5.7　　　　　　　　　　**砌体房屋伸缩缝的最大间距**　　　　　　　　　　　　　　m

屋盖或楼盖类别		间距
整体式或装配整体式钢筋混凝土结构	有保温层或隔热层的屋盖、楼盖	50
	无保温层或隔热层的屋盖	40
装配式无檩体系钢筋混凝土结构	有保温层或隔热层的屋盖、楼盖	60
	无保温层或隔热层的屋盖	50
装配式有檩体系钢筋混凝土结构	有保温层或隔热层的屋盖	75
	无保温层或隔热层的屋盖	60
瓦材屋盖、木屋盖或楼盖、轻钢屋盖		100

注　1. 对烧结普通砖、烧结多孔砖、配筋砌块砌体房屋，取表中数值；对石砌体、蒸压灰砂普通砖、蒸压粉煤灰普通砖、混凝土砌块、混凝土普通砖和混凝土多孔砖房屋，取表数值乘以 0.8 的系数，当墙体有可靠外保温措施时，其间距可取表中数值。
　　2. 在钢筋混凝土屋面上挂瓦的屋盖应按钢筋混凝土屋盖采用。
　　3. 层高大于 5m 的烧结普通砖、烧结多孔砖、配筋砌块砌体结构单层房屋，其伸缩缝间距可按表中数值乘以 1.3。
　　4. 温差较大且变化频繁地区和严寒地区不采暖的房屋及构筑物墙体的伸缩缝的最大间距，应按表中数值予以适当减小。
　　5. 墙体的伸缩缝应与结构的其他变形缝相重合，缝宽度应满足各种变形缝的变形要求；在进行立面处理时，必须保证缝隙的变形作用。

三、防止或减轻房屋顶层墙体的裂缝

房屋顶层墙体，宜根据情况采取下列措施：

（1）屋面应设置保温、隔热层。

（2）屋面保温（隔热）层或屋面刚性面层及砂浆找平层应设置分隔缝，分隔缝间距不宜大于 6m，其缝宽不小于 300mm，并与女儿墙隔开。

（3）采用装配式有檩体系钢筋混凝土屋盖和瓦材屋盖。

（4）顶层屋面板下设置现浇钢筋混凝土圈梁，并沿内外墙拉通，房屋两端圈梁下的墙体内宜设置水平钢筋。

（5）顶层墙体有门窗等洞口时，在过梁上的水平灰缝内设置 2～3 道焊接钢筋网片或 2 根直径 6mm 钢筋，焊接钢筋网片或钢筋应伸入洞口两端墙内不小于 600mm。

（6）顶层及女儿墙砂浆强度等级不低于 M7.5（Mb7.5、Ms7.5）。

（7）女儿墙应设置构造柱，构造柱间距不宜大于 4m，构造柱应伸至女儿墙顶并与现浇钢筋混凝土压顶整浇在一起。

（8）对顶层墙体施加竖向预应力。

四、防止或减轻房屋底层墙体裂缝

房屋底层墙体，宜根据情况采取下列措施：

（1）增大基础圈梁的刚度。

（2）在底层的窗台下墙体灰缝内设置 3 道焊接钢筋网片或 2 根直径 6mm 钢筋，并应伸入两边窗间墙内不小于 600mm。

五、防止或减轻房屋两端和底层第一、第二开间门窗洞处裂缝的构造措施

（1）在门窗洞口两边的墙体的水平灰缝中，设置长度不小于 900mm、竖向间距为 400mm 的 2 根直径 4mm 的焊接钢筋网片。

（2）在顶层和底层设置通长钢筋混凝土窗台梁，窗台梁的高度宜为块高的模数，梁内纵筋不少于 4 根，直径不小于 10mm，箍筋直径不小于 6mm，间距不大于 200，混凝土强度等级不低于 C20。

（3）在混凝土砌块房屋门窗洞口两侧不少于一个孔洞中设置直径不小于 12mm 的竖向钢筋，竖向钢筋应在楼层圈梁或基础内锚固，孔洞用不低于 Cb20 灌孔混凝土灌实。

六、防止或减轻房屋门、窗洞口上、下墙体裂缝

在每层门、窗过梁上方的水平灰缝内及窗台下第一和第二道水平灰缝内，宜设置焊接钢筋网片或 2 根直径 6mm 钢筋，焊接钢筋网片或钢筋应伸入两边窗间墙内不小于 600mm；当墙长大于 5m 时，宜在每层墙高度中部设置 2～3 道焊接钢筋网片或 3 根直径 6mm 的通常水平钢筋，竖向间距为 500mm。

七、防止或减轻填充墙裂缝

填充墙砌体与梁、柱或混凝土墙体结合的界面处（包括内、外墙），宜在粉刷前设置钢丝网片，网片宽度可取 400mm，并沿界面缝两侧各延伸 200mm，或采取其他有效的防裂、盖缝措施。

八、设置控制缝

控制缝是指将墙体分割成若干个独立墙肢的缝，允许墙肢在其平面内自由变形，并对外力有足够的抵抗能力。

（1）当房屋刚度较大时，可在窗台下或窗台角处墙体内、在墙体高度或厚度突然变化处设置竖向控制缝。竖向控制缝宽度不宜小于 25mm，缝内填以压缩性能好的填充材料，且外部用密封材料密封，并采用不吸水、闭孔发泡聚乙烯实心圆棒（背衬）作为密封膏的隔离

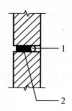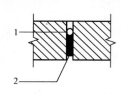

图 5.27　控制缝构造
1—不吸水的、闭孔发泡聚乙烯实心圆棒；
2—柔软、可压缩的填充物

物，如图 5.27 所示。

（2）夹心复合墙的外叶墙宜在建筑墙体适当部位设置控制缝，其间距宜为 6～8m。

5.6.6　耐久性规定

砌体结构的耐久性包括两个方面，一是对配筋砌体结构构件的钢筋的保护，二是对砌体材料保护。

（1）砌体结构的耐久性应根据表 5.8 的环境类别和设计使用年限进行设计。

表 5.8　　　　　　　　　　砌体结构的环境类别

环境类别	条　　　件
1	正常居住及办公建筑的内部干燥环境
2	潮湿的室内或室外环境，包括与无侵蚀土和水接触的环境
3	严寒和使用化冰盐的潮湿环境（室内或室外）
4	与海水直接接触的环境，或出于滨海地区的盐饱和的气体环境
5	有化学侵蚀的气体、液体或固态形式的环境，包括有侵蚀性土壤的环境

（2）当设计使用年限为 50 年时，砌体中钢筋的耐久性选择应符合表 5.9 的规定。

表 5.9　　　　　　　　　　砌体中钢筋耐久性选择

环境类别	钢筋种类和最大保护要求	
	位于砂浆中的钢筋	位于灌孔混凝土中的钢筋
1	普通钢筋	普通钢筋
2	重镀锌或有等效保护的钢筋	当采用混凝土灌孔时，可为普通钢筋；当采用砂浆灌孔时应为重镀锌或有等效保护的钢筋
3	不锈钢或有等效保护的钢筋	重镀锌或有等效保护的钢筋
4 和 5	不锈钢或等效保护的钢筋	不锈钢或等效保护的钢筋

注　1. 对夹心墙的外叶墙，应采用重镀锌或有等效保护的钢筋。
　　2. 表中的钢筋即为国家现行标准《混凝土结构设计规范》（GB 50010）和《冷轧带肋钢筋混凝土结构技术规程》（JGJ 95）等标准规定的普通钢筋或非预应力钢筋。

（3）设计使用年限为 50 年时，砌体中钢筋的保护层厚度，应符合下列规定：

1）配筋砌体中钢筋的最小混凝土保护层应符合表 5.10 的规定。

2）灰缝中钢筋外露砂浆保护层的厚度不应小于 15mm。

3）所有钢筋端部均应有与对应钢筋的环境类别条件相同的保护层厚度。

4）对填实的夹心墙或特别的墙体构造，钢筋的最小保护层厚度，应符合下列规定：

①用于环境类别 1 时，应取 20mm 厚砂浆或灌孔混凝土与钢筋直径较大者；

②用于环境类别 2 时，应取 20mm 厚灌孔混凝土与钢筋直径较大者；

③采用重镀锌钢筋时，应取 20mm 厚砂浆或灌孔混凝土与钢筋直径较大者；

④采用不锈钢筋时，应取钢筋的直径。

表 5.10　　　　　　　　　　　　　　　钢筋的最小保护层厚度

环境类别	混凝土强度等级			
	C20	C25	C30	C35
	最低水泥含量（kg/m³）			
	260	280	300	320
1	20	20	20	20
2	—	25	25	25
3	—	40	40	30
4	—	—	40	40
5	—	—	—	40

注　1. 材料中最大氯离子和最大碱含量应符合现行国家标准《混凝土结构设计规范》(GB 50010) 的规定。
　　2. 当采用防渗砌体块体和防渗砂浆时，可以考虑部分砌体（含抹灰层）的厚度作为保护层，但对环境类别 1、2、
　　　 3，其混凝土保护层的厚度相应不应小于 10mm、15mm 和 20mm。
　　3. 钢筋砂浆面层的组合砌体构件的钢筋保护层厚度宜比表 5.10 规定的混凝土保护层厚度数值增加 5～10mm。
　　4. 对安全等级为一级或设计使用年限为 50 年以上的砌体结构，钢筋保护层的厚度应至少增加 10mm。

（4）设计使用年限为 50 年时，夹心墙的钢筋连接件或钢筋网片、连接钢板、锚固螺栓或钢筋，应采用重镀锌或等效的防护涂层，镀锌层的厚度不应小于 290g/m²；当采用环氧涂层时，灰缝钢筋涂层厚度不应小于 290μm，其余部件涂层厚度不应小于 450μm。

（5）设计使用年限为 50 年时，砌体材料的耐久性应符合下列规定：

1）地面以下或防潮层以下的砌体、潮湿房间的墙或环境类别 2 的砌体，所用材料的最低强度等级应符合表 5.11 的规定。

表 5.11　　　　地面以下或防潮层以下的砌体、潮湿房间的墙所用材料的最低强度等级

潮湿程度	烧结普通砖	混凝土普通砖、蒸压普通砖	混凝土砌块	石材	水泥砂浆
稍潮湿的	MU15	MU20	MU7.5	MU30	M5
很潮湿的	MU20	MU20	MU10	MU30	M7.5
含水饱和的	MU20	MU25	MU15	MU40	MU10

注　1. 在冻胀地区，地面以下或防潮层以下的砌体，不宜采用多孔砖，如采用时，其孔洞应用不低于 M10 的水泥砂浆
　　　 预先灌实。当采用混凝土空心砌块时，其孔洞应采用强度等级不低于 Cb20 的混凝土预先灌实。
　　2. 对安全等级为一级或设计使用年限大于 50 年的房屋，表中材料强度等级应至少提高一级。

2）处于环境类别 3～5 等有侵蚀性介质的砌体材料应符合下列规定：

①不用采用蒸压灰砂普通砖、蒸压粉煤灰普通砖；

②应采用实心砖，砖的强度等级不应低于 MU20，水泥砂浆的强度等级不应低于 M10；

③混凝土砌块的强度等级不应低于 MU15，灌孔混凝土的强度等级不应低于 Cb30，砂浆的强度等级不应低于 Mb10；

④应根据环境条件对砌体材料的抗冻指标、耐酸、碱性能提出要求，或符合有关规范的规定。

5.7　计　算　例　题

【例 5.1】　某二层混合结构房屋（工业用仓库），设计使用年限为 50 年，采用现浇单向板肋梁屋、楼盖，结构平面布置和外纵墙剖面分别如图 5.28、图 5.29 所示（楼梯在此平面之外）。墙体采用 MU10 烧结多孔砖和 M7.5 混合砂浆砌筑，施工质量控制等级为 B 级。楼面面层为水磨石地面，内墙面及天花板均为 15mm 厚混合砂浆，外墙面为清水墙原浆勾缝，窗户采用普通钢窗（0.45kN/m²），屋面、楼面做法如图 5.29 所示。屋面为不上人屋面（活荷载标准值取 0.5kN/m²，组合值系数 $\psi_c=0.7$），楼面活荷载标准值为 6kN/m²（组合值系数 $\psi_c=0.7$），基本风压为 0.45kN/m²。经计算，在计算单元范围内，永久荷载、可变荷载作用下由楼盖主梁传给纵墙的压力标准值分别为 46kN 和 62kN，由楼盖板直接传给纵墙的压力标准值分别为 17kN 和 36kN；永久荷载、可变荷载作用下由屋盖主梁传给纵墙的压力标准值分别为 72kN 和 6kN，由屋盖板直接传给纵墙的压力标准值分别为 24kN 和 3kN。试验算外纵墙的高厚比和承载力。

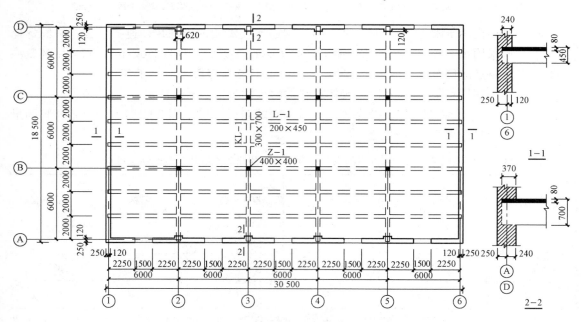

图 5.28　屋、楼盖结构平面布置图

注：1. 板支承长度 120mm；2. 次梁支承长度 240mm；3. 主梁支承长度 370mm。

解　（1）确定静力计算方案。

本房屋的屋盖、楼盖采用现浇钢筋混凝土肋梁楼盖，属 1 类屋盖、楼盖；横墙符合刚性方案房屋对横墙的要求；横墙最大间距为 $s=30.0$m，查表 5.2，$s<32$m，故本房屋属刚性方案。

（2）外纵墙高厚比的验算。

因底层、二层的外纵墙除高度不同外，其他如纵墙的材料、厚度、窗洞情况等均一致，

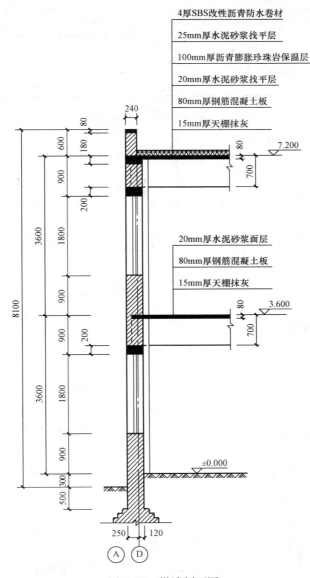

图 5.29　纵墙剖面图

因此只需验算高度较大的底层外纵墙即可。外纵墙为带壁柱墙,其高厚比验算包括整片墙高厚比验算和壁柱间墙高厚比验算。壁柱下端嵌固于室外地面下 0.5m 处,底层墙高度为

$$H=3.6+0.3+0.5=4.4\text{m}$$

1) 带壁柱墙截面几何特征计算 (图 5.30)。

截面面积为

$$A = 370 \times 4500 + 620 \times 120 = 1.74 \times 10^6 \text{mm}^2$$

截面重心位置为

$$y_1 = \frac{4500 \times 370 \times \frac{370}{2} + 620 \times 120 \times \left(370 + \frac{120}{2}\right)}{1.74 \times 10^6} = 195\text{mm}$$

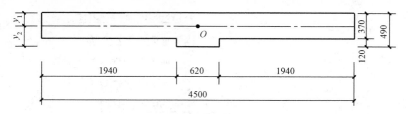

图 5.30 带壁柱墙计算截面

$$y_2 = 490 - 195 = 295\text{mm}$$

截面惯性矩为

$$I = \frac{4500 \times 370^3}{12} + 4500 \times 370 \times \left(195 - \frac{370}{2}\right)^2 + \frac{620 \times 120^3}{12}$$

$$+ 620 \times 120 \times \left(295 - \frac{120}{2}\right)^2 = 2.34 \times 10^{10}\text{mm}^4$$

截面回转半径为

$$i = \sqrt{\frac{I}{A}} = \sqrt{\frac{2.34 \times 10^{10}}{1.74 \times 10^6}} = 116\text{mm}$$

T 形截面的折算厚度为

$$h_T = 3.5i = 3.5 \times 116 = 406\text{mm}$$

2）整片墙高厚比验算。

$s_w = 30.0\text{m} > 2H = 8.8\text{m}$，查表 5.6，$H_0 = 1.0H = 4.4\text{m}$。

砂浆强度等级 M7.5，查表 5.5，$[\beta] = 26$。

$\mu_2 = 1 - 0.4\dfrac{b_s}{s} = 1 - 0.4 \times \dfrac{1.5}{6.0} = 0.9 > 0.7$，承重墙 $\mu_1 = 1.0$。

$\beta = \dfrac{H_0}{h_T} = \dfrac{4400}{406} = 10.8 < \mu_1\mu_2[\beta] = 1.0 \times 0.9 \times 26 = 23.4$，满足要求。

3）壁柱间墙高厚比验算。

$H = 4.4\text{m} < s = 6.0\text{m} < 2H = 8.8\text{m}$

查表 5.6，$H_0 = 0.4s + 0.2H = 0.4 \times 6.0 + 0.2 \times 4.4 = 3.28\text{m}$。

$\beta = \dfrac{H_0}{h} = \dfrac{3280}{370} = 8.9 < \mu_1\mu_2[\beta] = 1.0 \times 0.9 \times 26 = 23.4$，满足要求。

（3）外纵墙受压承载力的验算。

1）计算单元。

取一墙垛为计算单元，如图 5.31 所示。

2）荷载计算。

①屋盖板直接传给二层纵墙的荷载设计值。

可变荷载效应控制组合为

$$N_{u2} = 1.2 \times 24 + 1.4 \times 3 = 33.00\text{kN}$$

永久荷载效应控制组合为

$$N_{u2} = 1.35 \times 24 + 1.4 \times 0.7 \times 3 = 35.34\text{kN}$$

②屋盖主梁传给二层纵墙的荷载设计值。

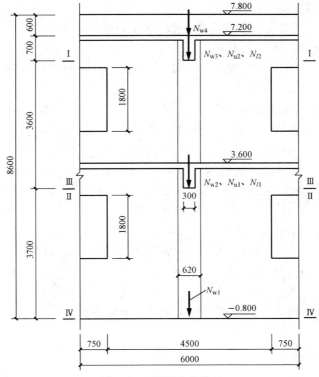

图 5.31　纵墙计算单元

可变荷载效应控制组合为
$$N_{l2} = 1.2 \times 72 + 1.4 \times 6 = 94.80 \text{kN}$$
永久荷载效应控制组合为
$$N_{l2} = 1.35 \times 72 + 1.4 \times 0.7 \times 6 = 103.08 \text{kN}$$
③楼盖板直接传给底层纵墙的荷载设计值。
可变荷载效应控制组合为
$$N_{u1} = 1.2 \times 17 + 1.3 \times 36 = 67.20 \text{kN}$$
永久荷载效应控制组合为
$$N_{u1} = 1.35 \times 17 + 1.3 \times 0.7 \times 36 = 55.71 \text{kN}$$
④楼盖主梁传给底层纵墙的荷载设计值。
可变荷载效应控制组合为
$$N_{l1} = 1.2 \times 46 + 1.3 \times 62 = 135.80 \text{kN}$$
永久荷载效应控制组合为
$$N_{l1} = 1.35 \times 46 + 1.3 \times 0.7 \times 62 = 118.52 \text{kN}$$
⑤女儿墙自重。
标准值为
$$N_{w4k} = 25 \times 6.0 \times 0.24 \times 0.08 + 19 \times 6.0 \times 0.24 \times (0.6 - 0.08)$$
$$+ 17 \times 6.0 \times 0.6 \times 0.015 = 18.03 \text{kN}$$
设计值

可变荷载效应控制组合为

$$N_{w4} = 1.2N_{w4k} = 1.2 \times 18.03 = 21.64kN$$

永久荷载效应控制组合为

$$N_{w4} = 1.35N_{w4k} = 1.35 \times 18.03 = 24.34kN$$

偏心距为

$$e_{w4} = y_1 - h_{w4}/2 = 195.48 - 240/2 = 75mm(h_{w4}\text{为女儿墙厚度})$$

⑥女儿墙根部至计算截面（即大梁底面）高度范围内的墙体自重。

标准值为

$$N_{w3k} = 25 \times 6.0 \times 0.37 \times 0.18 + 19 \times 6.0 \times 0.37 \times (0.7 - 0.18)$$
$$+ 17 \times 6.0 \times 0.7 \times 0.015 = 32.99kN$$

设计值

可变荷载效应控制组合为

$$N_{w3} = 1.2N_{w3k} = 1.2 \times 32.99 = 39.59kN$$

永久荷载效应控制组合为

$$N_{w3} = 1.35N_{w3k} = 1.35 \times 32.99 = 44.54kN$$

⑦二层墙体自重（二层大梁底至底层大梁底高度范围内）。

标准值 N_{w2k}

砖墙自重	$19 \times 0.37 \times (6.0 \times 3.6 - 1.5 \times 1.8) = 132.87kN$
砖墙粉刷	$17 \times 0.015 \times (6.0 \times 3.6 - 1.5 \times 1.8) = 4.82kN$
壁柱自重	$19 \times 0.62 \times 0.12 \times 3.6 = 5.09kN$
壁柱粉刷	$17 \times 0.015 \times 0.12 \times 3.6 \times 2 = 0.22kN$
窗	$0.45 \times 1.5 \times 1.8 = 1.22kN$
N_{w2k}	144.22kN

设计值

可变荷载效应控制组合为

$$N_{w2} = 1.2N_{w2k} = 1.2 \times 144.22 = 173.06kN$$

永久荷载效应控制组合为

$$N_{w2} = 1.35N_{w2k} = 1.35 \times 144.22 = 194.70kN$$

⑧底层墙体自重（底层大梁底至基础顶面高度范围内）。

标准值 N_{w1k}

砖墙自重	$19 \times 0.37 \times (6.0 \times 3.7 - 1.5 \times 1.8) = 137.09kN$
砖墙粉刷	$17 \times 0.015 \times (6.0 \times 3.7 - 1.5 \times 1.8) = 4.97kN$
壁柱自重	$19 \times 0.62 \times 0.12 \times 3.7 = 5.23kN$
壁柱粉刷	$17 \times 0.015 \times 0.12 \times 3.7 \times 2 = 0.23kN$
窗	$0.45 \times 1.5 \times 1.8 = 1.22kN$
N_{w1k}	148.74kN

设计值

可变荷载效应控制组合为

$$N_{w1} = 1.2N_{w1k} = 1.2 \times 148.74 = 178.49kN$$

永久荷载效应控制组合为

$$N_{wl} = 1.35N_{wlk} = 1.35 \times 148.74 = 200.80\text{kN}$$

3）受压承载力验算。

①计算简图。每层墙取两个控制截面。一个控制截面位于该层墙体顶部主梁底面，如二层墙体Ⅰ—Ⅰ截面和底层墙体Ⅲ—Ⅲ截面；另一控制截面位于该层墙体下部主梁底面，对于底层墙该控制截面取基础顶面，如二层墙体Ⅱ—Ⅱ截面和底层墙体Ⅳ—Ⅳ截面（图5.31）。纵墙在竖向荷载作用下的计算简图如图5.32所示。

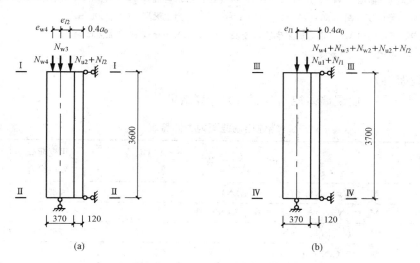

图 5.32　纵墙在竖向荷载作用下的计算简图
(a) 二层墙体；(b) 底层墙体

②主梁端部有效支承长度。考虑到主梁下砌体的局部受压，在主梁下设 $a_b \times b_b \times t_b =$ 490mm×490mm×180mm 的预制刚性垫块。主梁端部有效支承长度及相应的偏心距的计算结果见表5.12。

项　　　目	屋盖主梁底部截面		楼盖主梁底部截面	
	可变荷载效应组合	永久荷载效应组合	可变荷载效应组合	永久荷载效应组合
上部传来的轴向力 N_u (kN)	94.23	104.22	429.29	457.71
$\sigma_0 = \dfrac{N_u}{A}$ (N/mm²)	0.0542	0.0599	0.247	0.263
$\dfrac{\sigma_0}{f}$	0.0321	0.0354	0.146	0.156
δ_1	5.448	5.453	5.619	5.634
$a_0 = \delta_1 \sqrt{\dfrac{h_c}{f}}$ (mm)	111	111	114	115

表 5.12　　　　　　　　　　　梁 端 有 效 支 承 长 度

项　目	屋盖主梁底部截面		楼盖主梁底部截面	
	可变荷载效应组合	永久荷载效应组合	可变荷载效应组合	永久荷载效应组合
$e_{l2}=y_2-0.4a_0$ （mm）	250	250	—	—
$e_{l1}=y_2-0.4a_0$ （mm）	—	—	249	249

注 1. 对屋盖主梁底部截面，$N_u=N_{w4}+N_{w3}+N_{u2}$；对楼盖主梁底部截面，$N_u=N_{w4}+N_{w3}+N_{w2}+N_{u2}+N_{l2}+N_{u1}$。

　　2. A 为窗间墙垛面积（图 5.30），$A=1.7394\times10^6\,\text{mm}^2$；$h_c$ 为主梁高，$h_c=700\text{mm}$。

　　3. MU10 烧结多孔砖和 M7.5 混合砂浆砌筑，查表，$f=1.69\text{N/mm}^2$，强度无需调整。

　　4. δ_1 查表 3.4 确定。

③控制截面内力。

表 5.13 为二层、底层墙体控制截面内力计算结果。

表 5.13　　　　　　　　　　　**墙体控制截面内力计算表**

楼层	截面	内　力　计　算	可变荷载效应组合	永久荷载效应组合
二层	Ⅰ—Ⅰ	$N_I=N_{w4}+N_{w3}+N_{u2}+N_{l2}$ （kN）	189.03	207.30
		$M_I=(N_{u2}+N_{l2})e_{l2}-N_{w4}e_{w4}$ （kN·m）	30.33	32.78
	Ⅱ—Ⅱ	$N_{II}=N_I+N_{w2}$ （kN）	362.09	402.00
		$M_{II}=0$ （kN·m）	0	0
底层	Ⅲ—Ⅲ	$N_{III}=N_{w4}+N_{w3}+N_{w2}+N_{u2}+N_{l2}+N_{u1}+N_{l1}$ （kN）	565.09	576.23
		$M_{III}=(N_{u1}+N_{l1})e_{l1}$ （kN·m）	50.55	43.38
	Ⅳ—Ⅳ	$N_{IV}=N_{III}+N_{w1}$ （kN）	743.58	777.03
		$M_{IV}=0$ （kN·m）	0	0

④纵墙受压承载力验算。

各控制截面受压承载力的计算结果见表 5.14。

表 5.14　　　　　　　　　　　**纵墙受压承载力计算表**

项　目	可变荷载效应组合				永久荷载效应组合			
	二层墙体		底层墙体		二层墙体		底层墙体	
	Ⅰ—Ⅰ截面	Ⅱ—Ⅱ截面	Ⅲ—Ⅲ截面	Ⅳ—Ⅳ截面	Ⅰ—Ⅰ截面	Ⅱ—Ⅱ截面	Ⅲ—Ⅲ截面	Ⅳ—Ⅳ截面
M （kN·m）	30.34	0	50.50	0	32.79	0	43.32	0
N （kN）	189.03	362.09	565.09	743.58	207.30	402.00	576.23	777.03
e （mm）	161	0	89	0	158	0	75	0
h_T （mm）	406	406	406	406	406	406	406	406
e/h_T	0.396	0.000	0.220	0.000	0.390	0.000	0.185	0.000
$\beta=\gamma_\beta\dfrac{H_0}{h_T}$	8.88	8.88	10.85	10.85	8.88	8.88	10.85	10.85
φ	0.254	0.894	0.417	0.850	0.258	0.894	0.470	0.850
A （mm²）	1 739 400	1 739 400	1 739 400	1 739 400	1 739 400	1 739 400	1 739 400	1 739 400

续表

项　　目	可变荷载效应组合				永久荷载效应组合			
	二层墙体		底层墙体		二层墙体		底层墙体	
	Ⅰ—Ⅰ截面	Ⅱ—Ⅱ截面	Ⅲ—Ⅲ截面	Ⅳ—Ⅳ截面	Ⅰ—Ⅰ截面	Ⅱ—Ⅱ截面	Ⅲ—Ⅲ截面	Ⅳ—Ⅳ截面
f (MPa)	1.69	1.69	1.69	1.69	1.69	1.69	1.69	1.69
φAf (kN)	746.19	2628.96	1224.68	2498.57	759.25	2628.96	1381.25	2498.57
结　论	各控制截面均满足 $N<\varphi Af$，说明纵墙受压承载力满足要求							

注　表中 φ 按式（3.8）计算或查表 3.1～表 3.3。

（4）梁端下砌体局部受压承载力验算。

主梁下设有 $a_b\times b_b\times t_b=490\text{mm}\times490\text{mm}\times180\text{mm}$ 的预制刚性垫块，如图 5.33 所示。$A_b=490\times490=240\,100\text{mm}^2$，$A_0=490\times620=303\,800\text{mm}^2$。屋盖、楼盖主梁下砌体局部受压承载力验算见表 5.15。

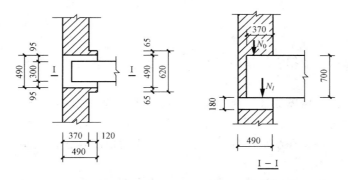

图 5.33　主梁下设预制刚性垫块示意图

表 5.15　　　　　　　　屋盖主梁与楼盖主梁下砌体局部受压承载力验算表

项　　目	屋盖主梁下砌体		楼盖主梁下砌体	
	可变荷载效应组合	永久荷载效应组合	可变荷载效应组合	永久荷载效应组合
σ_0 (N/mm²)	0.0542	0.0599	0.247	0.263
A_b (mm²)	240 100	240 100	240 100	240 100
$N_0=\sigma_0 A_b$ (kN)	13.01	14.38	59.30	63.15
N_l（屋盖 N_{l2}，楼盖 N_{l1}）(kN)	94.8	103.08	135.8	118.52
N_0+N_l (kN)	107.81	117.46	195.10	181.67
$e=\dfrac{N_l\left(\dfrac{a_b}{2}-0.4a_0\right)}{N_0+N_l}$ (mm)	176	176	139	130
$\varphi=\dfrac{1}{1+12\left(\dfrac{e}{a_b}\right)^2}$	0.391	0.392	0.510	0.542
A_0 (mm²)	303 800	303 800	303 800	303 800
$\gamma=1+0.35\sqrt{\dfrac{A_0}{A_b}-1}\leqslant2.0$	1.18	1.18	1.18	1.18
$\gamma_1=0.8\gamma\geqslant1.0$	1.0	1.0	1.0	1.0

项　目	屋盖主梁下砌体		楼盖主梁下砌体	
	可变荷载效应组合	永久荷载效应组合	可变荷载效应组合	永久荷载效应组合
f	1.69	1.69	1.69	1.69
$\varphi \gamma_1 f A_b$ （kN）	158.77	159.19	206.88	220.10
结　论	屋盖、楼盖主梁下砌体均满足 $N_0 + N_l < \varphi \gamma_1 f A_b$，说明局部受压承载力满足要求			

本 章 小 结

（1）混合结构房屋设计的步骤是：先进行结构布置，接着确定房屋的静力计算方案，然后进行墙、柱内力分析并验算其承载力，最后采取相应的构造措施。

（2）混合结构房屋的承重体系可分为横墙承重体系、纵墙承重体系、纵横墙承重体系、内框架承重体系和底部框架承重体系。

（3）混合结构房屋根据空间作用的大小，可分为三种静力计算方案：刚性方案、弹性方案和刚弹性方案。

（4）单层刚性方案房屋的计算简图是：下端固接于基础顶面，上端与屋面梁为不动铰支座。多层刚性方案房屋的计算简图是：在竖向荷载作用下，墙体在每层高度范围内均可简化为两端铰支的竖向构件；在水平荷载作用下，墙体视为以屋盖、各层楼盖为不动水平铰支座的多跨连续梁。

（5）单层弹性方案房屋的计算简图是：下端嵌固于基础顶面，上端与屋架铰接的有侧移平面排架。由于弹性方案房屋不考虑房屋的空间作用，通常厚度的多层房屋墙、柱不易满足承载力要求，故多层混合结构房屋应避免设计成弹性方案房屋。

（6）单层刚弹性方案房屋的计算简图是：在弹性方案基础上，考虑空间作用，在平面排架柱顶处加一弹性支座。多层刚弹性方案房屋的计算简图类似于单层刚弹性方案房屋，在每层横梁与柱顶联结处加一弹性支座。

（7）地下室墙体的静力计算按刚性方案，其计算简图亦为两端铰支的竖向构件。地下室墙体除承受上部荷载之外，还需承受土侧压力。施工阶段回填土时，土压力可能造成基础底面滑移，故有时要进行基底抗滑移验算。

（8）为了保证墙、柱在施工和使用阶段的稳定性，需验算墙、柱高厚比，即要求墙、柱高厚比不超过允许高厚比。在具体验算时需考虑自承重墙、门窗洞口、壁柱和构造柱对允许高厚比的影响。

（9）引起墙体开裂的主要原因是温度收缩变形和地基的不均匀沉降。为了防止或减轻墙体的开裂，除了在房屋的适当部位设置沉降缝和伸缩缝外，还可根据房屋的实际情况采取有效的构造措施。

（10）砌体结构应根据环境类别和设计使用年限满足耐久性规定，砌体结构的耐久性包括两个方面：一是对配筋砌体结构构件的钢筋的保护，二是对砌体材料保护。

思　考　题

5.1　混合结构房屋的承重体系分为哪几种？各有何特点？

5.2　如何确定房屋的静力计算方案？主要影响因素有哪些？

5.3　《规范》对刚性、刚弹性方案房屋的横墙为什么要作要求，有哪些要求？

5.4　多层刚性方案房屋的计算单元及简图如何选取？

5.5　刚性方案与弹性方案房屋墙体的内力分析方法有何异同点？

5.6　地下室墙体设计与上部墙体设计有何异同点？

5.7　墙、柱高厚比验算的目的是什么？如何验算？

5.8　框架填充墙与框架的连接需符合什么要求？

5.9　引起墙体开裂的原因有哪些？采取哪些措施可防止或减轻墙体开裂？

5.10　砌体材料的耐久性应符合哪些要求？

习　　题

5.1　某单层单跨无吊车厂房采用装配式无檩体系屋盖。厂房长 24m，宽 12m，自基础顶面算起墙高 5m，纵横墙采用 MU10 烧结多孔砖和 M5 混合砂浆砌筑，墙厚为 240mm，壁柱截面为 370mm×490mm，壁柱间距为 6m，构造柱为 240mm×240mm，纵墙上窗洞为 3200mm×3000mm，横墙上窗洞为 1800mm×3000mm，门洞为 2100mm×3000mm，详细尺寸如图 5.34 所示。试验算纵墙和横墙的高厚比。

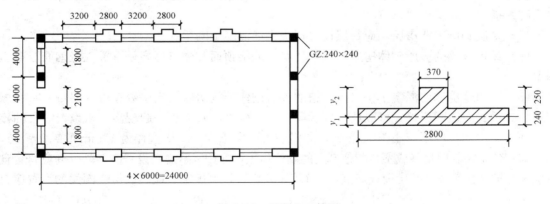

图 5.34　习题 5.1 简图

5.2　若［例 5.1］中房屋层高为 4.5m，窗洞高为 2.1m，其他条件不变，试验算外纵墙的高厚比和承载力。

第6章　圈梁、过梁、墙梁及挑梁

6.1　圈　　梁

　　圈梁是在房屋的檐口、窗顶、楼层、吊车梁顶或基础顶面标高处，沿砌体墙水平方向设置封闭状的按构造配筋的混凝土梁式构件。常见的圈梁分为两种，一种是布置在房屋基础上部的基础圈梁，一种是布置在房屋墙体上部，紧挨楼板的上圈梁。

　　砌体结构房屋中，通过在砌体内沿水平方向设置封闭的钢筋混凝土圈梁，可以提高房屋的空间刚度、增加建筑物的整体性，提高砌体的抗剪、抗拉强度，还可以减轻由于地基不均匀沉降、地震或其他振动荷载对房屋的损伤和破坏。

6.1.1　圈梁的设置

　　一般情况下，混合砌体结构房屋可按照下列规定设置圈梁：

　　（1）厂房、仓库、食堂等空旷的单层房屋应按下列规定设置圈梁：砖砌体房屋，檐口标高为5～8m时，应在檐口标高处设置圈梁一道，檐口标高大于8m时，应增加设置数量；砌块及料石砌体房屋，檐口标高为4～5m时，应在檐口标高处设置圈梁一道，檐口标高大于5m时，应增加设置数量。对有吊车或较大振动设备的单层工业房屋，当未采取有效的隔振措施时，除在檐口或窗顶标高处设置现浇钢筋混凝土圈梁外，尚应增加设置数量。

　　（2）住宅、办公楼等多层砌体民用房屋，且层数为3～4层时，应在底层和檐口标高处各设置圈梁一道。当层数超过4层时，除应在底层和檐口标高处各设置一道圈梁外，至少应在所有纵横墙上隔层设置。

　　（3）多层砌体工业房屋，应每层设置现浇钢筋混凝土圈梁。

　　（4）设置墙梁的多层砌体房屋，应在托梁、墙梁顶面和檐口标高处设置现浇钢筋混凝土圈梁。

　　（5）采用现浇钢筋混凝土楼（屋）盖的多层砌体结构房屋，当层数超过5层时，除在檐口标高处设置一道圈梁外，可隔层设置圈梁，并与楼（屋）面板一起现浇。未设置圈梁的楼面板嵌入墙内的长度不应小于120mm，并沿墙长配置不少于2根直径为10mm的纵向钢筋。

　　（6）建筑在软弱地基或不均匀地基上的砌体房屋，除按本节规定设置圈梁外，尚应符合现行国家标准《建筑地基基础设计规范》（GB 50007）的有关规定。地震区房屋圈梁的设置应符合国家标准《建筑抗震设计规范》（GB 50011）的要求。

6.1.2　圈梁的构造要求

　　对于圈梁的设计，目前主要采用构造要求进行，应符合下列构造要求：

　　（1）圈梁宜连续地设在同一水平面上，并形成封闭状；当圈梁被门窗洞口截断时，应在洞口上部增设相同截面的附加圈梁（过梁）。附加圈梁与圈梁的搭接长度不应小于其中到中垂直间距的二倍，且不得小于1m，如图6.1所示。

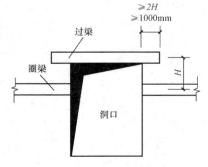

图6.1　圈梁与附加圈梁的搭接

（2）纵横墙交接处的圈梁应有可靠的连接，其配筋构造如图 6.2 所示。

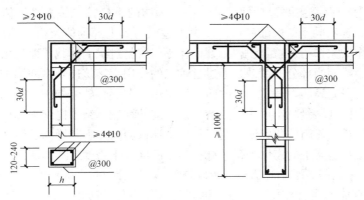

图 6.2　圈梁在房屋转角和丁字交接处的附加钢筋

（3）刚弹性和弹性方案房屋，圈梁应与屋架、大梁等构件可靠连接。

（4）钢筋混凝土圈梁的宽度宜与墙厚相同，当墙厚 $h \geqslant 240$mm 时，其宽度不宜小于 $2h/3$。圈梁高度不应小于 120mm。纵向钢筋不应少于 4 根，直径不应小于 10mm，绑扎接头的搭接长度按受拉钢筋考虑，箍筋间距不应大于 300mm。

（5）圈梁兼作过梁时，过梁部分的钢筋应按计算面积另行增配。

6.2　过　　梁

当墙体上开设门窗洞口时，为了支撑洞口上部砌体所传来的各种荷载，并将这些荷载传给窗间墙，常在门窗洞口上设置横梁，称之为过梁。

常见的过梁有钢筋混凝土过梁和砖砌过梁两类。其中，砖砌过梁又有钢筋砖过梁、砖砌平拱过梁和砖砌弧拱过梁等形式，如图 6.3 所示。对有较大振动荷载或可能产生不均匀沉降的房屋，应采用混凝土过梁。

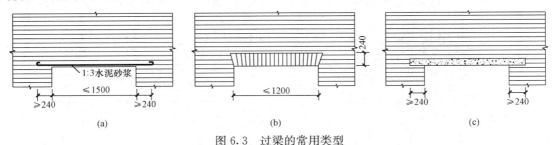

图 6.3　过梁的常用类型

（a）钢筋砖过梁；（b）砖砌平拱过梁；（c）钢筋混凝土过梁

钢筋砖过梁 [图 6.3（a）] 是在过梁底部水平灰缝内配置纵向受力钢筋而形成的过梁，钢筋砖过梁的砌法与墙体相同，为平砌的砌体，只是过梁部分所用的砂浆强度等级较高。当过梁的跨度不大于 1.5m 时，可采用钢筋砖过梁。砖砌平拱过梁 [图 6.3（b）]、砖砌弧拱过梁是将砖竖立或侧立成跨越门窗洞口的直线形或弧线形楔形砌体，楔形砌体的两侧伸入墙中 20～30mm，其厚度等于墙厚。当过梁的跨度不大于 1.2m 时，可采用砖砌平拱过梁。

6.2.1　过梁上的荷载

过梁承受的竖向荷载主要包括两部分：一是墙体的重量，二是由楼板传来的荷载。

过梁的工作原理不同于一般的简支梁。由于过梁与其上部砌体及窗间墙砌筑成一个整体，彼此有着共同工作的关系，也就是说，上部砌体不仅仅是过梁的荷载，而且由于它本身的整体性而具有拱的作用，相当部分的荷载是通过这种拱的作用直接传递到窗间墙上的，从而减轻了过梁的负担。试验研究表明，若过梁上的砖砌体采用水泥混合砂浆砌筑，当砌筑的高度接近跨度的一半时，跨中挠度增量减小很快。随着砌筑高度的增加，跨中挠度增加极小。这是由于砌体砂浆随着时间增长而逐渐硬化，使参与工作的砌体截面高度不断增加的缘故。正是由于这种拱的作用，使作用在过梁上的砌体当量荷载相当于高度等于跨度1/3的墙体自重。

试验还表明，当在过梁顶面以上、砖砌体高度等于跨度的0.8倍左右的位置施加荷载时，由于过梁与砌体的组合作用，荷载将通过组合作用传给砖墙，而不是通过过梁传递给墙体，故过梁的内应力增大不多，过梁的挠度变形也极小。因此，一般过梁计算习惯上不是按组合截面而只是按"计算截面高度"或按钢筋混凝土截面进行计算。为了简化计算，《规范》规定过梁上的荷载应按下列规定采用。

（1）梁、板荷载。对砖和砌块砌体，当梁、板下的墙体高度 $h_w < l_n$ 时（l_n 为过梁的净跨），应计入梁、板传来的荷载，否则，可不考虑梁、板荷载。

（2）墙体荷载。对砖砌体，当过梁上的墙体高度 $h_w < l_n/3$ 时，应按墙体的均布自重采用，否则，应按高度为 $l_n/3$ 墙体的均布自重来采用。对砌块砌体，当过梁上的墙体高度 $h_w < l_n/2$ 时，应按墙体的均布自重采用，否则，应按高度为 $l_n/2$ 墙体的均布自重采用。

6.2.2　过梁的计算

一、砖砌过梁的破坏形态

砖砌过梁在竖向荷载作用下的受力和简支受弯构件类似，过梁截面的上部受压、下部受拉。随着荷载的增加，当跨中截面底部的拉应力或支座斜截面的主拉应力超过砌体的抗拉强度时，将在跨中出现竖向裂缝，在靠近支座处出现阶梯形斜裂缝。对钢筋砖过梁，过梁下部的拉力将由钢筋承担；对砖砌平拱过梁，下部的拉力将由两端砌体提供的推力来平衡，如图6.4所示。此时，过梁的受力如同一个三角拱一样。过梁可能发生的破坏形态主要有三种：

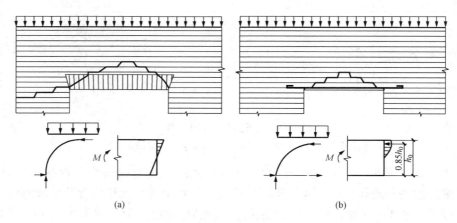

图 6.4　砖砌过梁的破坏形态

（a）砖砌平拱过梁；（b）钢筋砖过梁

（1）跨中受弯破坏：过梁跨中截面因受弯承载力不足而破坏。

（2）支座受剪破坏：过梁支座附近斜截面因受剪承载力不足，阶梯形裂缝不断发展而破坏。

（3）支座滑动破坏：过梁支座处水平灰缝因受剪承载力不足而发生支座滑动破坏。

二、砖砌平拱过梁的计算

砖砌平拱过梁的受弯承载力可按下列公式计算

$$M \leqslant f_{tm}W \tag{6.1}$$

式中　M——按简支梁并取净跨计算的过梁跨中弯矩设计值；

　　　f_{tm}——砌体弯曲抗拉强度设计值；

　　　W——过梁的截面抵抗矩。

砖砌平拱过梁的受剪承载力可按下列公式计算

$$V \leqslant f_v bz \tag{6.2}$$

式中　V——按简支梁并取净跨计算的过梁支座剪力设计值；

　　　f_v——砌体的抗剪强度设计值；

　　　b——过梁的截面宽度，一般取墙厚；

　　　z——内力臂，当截面为矩形时，取 $z = \dfrac{I}{S} = \dfrac{2h}{3}$；

　　　I——截面惯性矩；

　　　S——截面面积矩；

　　　h——过梁的截面计算高度。

三、钢筋砖过梁的计算

钢筋砖过梁的受弯承载力可按下列公式计算

$$M \leqslant 0.85 f_y A_s h_0 \tag{6.3}$$

式中　M——按简支梁并取净跨计算的过梁跨中弯矩设计值；

　　　f_y——钢筋的抗拉强度设计值；

　　　A_s——受拉钢筋的截面面积；

　　　h_0——过梁截面的有效高度，$h_0 = h - a_s$；

　　　h——过梁的截面计算高度，取过梁底面以上的墙体高度，但不大于 $l_n/3$，当考虑梁、板传来的荷载时，则按梁、板下的高度采用；

　　　a_s——受力钢筋重心至截面下边缘的距离。

钢筋砖过梁的受剪承载力可按式（6.2）计算。

四、钢筋混凝土过梁的计算

钢筋混凝土过梁，应按钢筋混凝土受弯构件计算。验算过梁下砌体局部受压承载力时，可不考虑上层荷载的影响。梁端底面压应力图形完整系数可取 1.0，梁端有效支承长度可取实际支承长度，但不应大于墙厚。

6.2.3　过梁的构造要求

过梁的构造要求应符合下列规定：

（1）砖砌过梁截面计算高度内的砂浆不宜低于 M5（Mb5、Ms5）。

（2）砖砌平拱用竖砖砌筑部分的高度不应小于 240mm。

（3）钢筋砖过梁底面砂浆层处的钢筋，其直径不应小于 5mm，间距不宜大于 120mm，钢筋伸入支座砌体内的长度不宜小于 240mm，砂浆层的厚度不宜小于 30mm。

【例 6.1】 已知砖砌平拱过梁的净跨为 1.2m，墙厚为 240mm，过梁的构造高度为 240mm，采用 MU10 黏土砖、M5 混合砂浆砌筑而成，求该砖砌平拱过梁所能承受的均布荷载设计值。

解 查表 2.13 得 $f_{tm}=0.23\text{N/mm}^2$，$f_v=0.11\text{N/mm}^2$

平拱过梁的计算高度为

$$h=\frac{l_n}{3}=\frac{1200}{3}=400\text{mm}$$

$$W=\frac{1}{6}\times240\times400^2=6.4\times10^6\text{mm}^3$$

由式（6.1）得，正截面可以抵抗的弯矩设计值为

$$M\leqslant f_{tm}W=0.23\times6.4\times10^6=1.47\text{kN}\cdot\text{m}$$

则平拱过梁能承受的均布荷载设计值为

$$q=\frac{8\times1.47}{1.2\times1.2}=8.17\text{kN/m}$$

由式（6.2）得，斜截面可以抵抗的剪力设计值为

$$V\leqslant f_v bz=0.11\times240\times\frac{2}{3}\times400=7.04\text{kN}$$

则平拱过梁能承受的均布荷载设计值为

$$q=\frac{2\times7.04}{1.2}=11.73\text{kN/m}$$

因此，该平拱过梁所能承受的均布荷载设计值为 8.17kN/m。

【例 6.2】 已知钢筋砖过梁的净跨 $l_n=1.5\text{m}$，宽度与墙厚相同，均为 240mm，采用 MU10 黏土砖、M7.5 混合砂浆砌筑而成。在离洞口顶面 600mm 处作用有楼板传来的均布荷载，其中，恒载标准值为 5.5kN/m，活荷载标准值为 3.0kN/m，砖墙自重为 5.24kN/m，采用 HPB300 级钢筋。试设计该钢筋砖过梁。

解 查表 2.13 得 $f_v=0.14\text{N/mm}^2$；钢筋的抗拉强度设计值 $f_y=270\text{N/mm}^2$。

（1）内力计算。由于楼板下的墙体高度 $h_w=600\text{mm}<l_n=1500\text{mm}$，故应考虑梁板传来的荷载。作用在过梁上的均布荷载设计值为

$$p=1.35\times\left(5.5+\frac{1.5}{3}\times5.24\right)+1.0\times3.0=13.96\text{kN/m}$$

则

$$M=\frac{13.96\times1.5^2}{8}=3.93\text{kN}\cdot\text{m}$$

$$V=\frac{13.96\times1.5}{2}=10.47\text{kN}$$

（2）受弯承载力计算。由于考虑梁板传来的荷载，故取过梁的计算高度 h_b 为梁板以下的墙体高度，即取 $h_b=600\text{mm}$，并取砂浆层厚度为 30mm，则 $a_s=15\text{mm}$，截面有效高度 $h_0=h-a_s=600-15=585\text{mm}$。

由式（6.3）得

$$A_s \geqslant \frac{M}{0.85 f_y h_0} = \frac{3.93 \times 10^6}{0.85 \times 270 \times 585} = 29.2 \text{mm}^2$$

选用 2Φ6，实际配筋面积为 56.6mm²，满足要求。

（3）受剪承载力计算。

$$z = \frac{2h}{3} = \frac{2 \times 600}{3} = 400 \text{mm}$$

由式（6.2）得

$$f_v bz = 0.14 \times 240 \times 400 = 13.44 \text{kN} > V = 10.47 \text{kN}$$

受剪承载力满足要求。

【例 6.3】　已知钢筋混凝土过梁的净跨 $l_n = 3\text{m}$，过梁上墙体高度 1500mm，砖墙厚度 $b = 240\text{mm}$，采用 MU10 黏土砖、M5 混合砂浆砌筑而成。在窗口上方 1000mm 处作用有楼板传来的均布荷载，其中，恒载标准值为 12kN/m，活荷载标准值为 3kN/m，砖墙自重为 5.24kN/m²，纵筋采用 HRB335 级钢筋，箍筋采用 HPB300 级钢筋，混凝土的强度等级为 C20。试设计该钢筋混凝土过梁。

解　考虑过梁跨度和荷载情况，过梁截面取 $b \times h = 240\text{mm} \times 300\text{mm}$。

（1）荷载计算。由于过梁上的墙体高度 $h_w = 1500\text{mm} < l_n = 3000\text{mm}$，故应考虑梁板传来的荷载。因 $h_w > l_n/3 = 1000\text{mm}$，所以应考虑 1000mm 高的墙体自重。从而得作用在过梁上的均布荷载设计值为

由可变荷载效应控制的组合

$$p = 1.2 \times (0.24 \times 0.3 \times 25 + 5.24 \times 1 + 12) + 1.4 \times 3 = 27.05 \text{kN/m}$$

由永久荷载效应控制的组合

$$p = 1.35 \times (0.24 \times 0.3 \times 25 + 5.24 \times 1 + 12) + 1.0 \times 3 = 28.70 \text{kN/m}$$

所以取 $p = 28.70 \text{kN/m}$。

（2）钢筋混凝土过梁的计算。

过梁的计算跨度

$$l_0 = 1.05 l_n = 1.05 \times 3000 = 3150 \text{mm}$$

则

$$M = \frac{p l_0^2}{8} = \frac{28.70 \times 3.15^2}{8} = 35.60 \text{kN} \cdot \text{m}$$

$$V = \frac{p l_n}{2} = \frac{28.70 \times 3}{2} = 43.05 \text{kN}$$

由 $M = \alpha_1 f_c b x \left(h_0 - \frac{x}{2} \right)$，$\alpha_1 = 1.0$ 得受压区高度

$$x = h_0 - \sqrt{h_0^2 - \frac{2M}{f_c b}} = 265 - \sqrt{265^2 - \frac{2 \times 35.60 \times 10^6}{9.6 \times 240}} = 67 \text{mm}$$

纵筋面积

$$A_s = \frac{f_c b x}{f_y} = \frac{9.6 \times 240 \times 67}{300} = 512.3 \text{mm}^2$$

纵筋选用 3Φ16，实际配筋面积为 603mm²。

$$0.7 f_t b h_0 = 0.7 \times 1.1 \times 240 \times 265 = 48.97 \text{kN} > 43.05 \text{kN}$$

所以，箍筋可以构造配置，通长选用双肢Φ6@200。

（3）梁端支承处局部受压承载力验算。

查得砌体抗压强度设计值为

$$f = 1.5 \text{N/mm}^2$$

过梁有效支承长度为

$$a_0 = 10 \sqrt{\frac{h_c}{f}} = 10 \times \sqrt{\frac{300}{1.5}} = 141 \text{mm}$$

局部受压面积为

$$A_l = a_0 \times b = 141 \times 240 = 33\,936 \text{mm}^2$$

计算面积为

$$A_0 = (a_0 + b) \times b = (141 + 240) \times 240 = 91\,536 \text{mm}^2$$

局部抗压强度提高系数为

$$\gamma = 1 + 0.35 \sqrt{\frac{A_0}{A_l} - 1} = 1 + 0.35 \sqrt{\frac{91\,536}{33\,936} - 1} = 1.456 > 1.25,\ \text{取}\ \gamma = 1.25,\ \text{并取梁}$$

端底面压应力图形完整系数 $\eta = 1.0$。

局部压力设计值为

$$N_l = \frac{p l_0}{2} = \frac{28.70 \times 3.15}{2} = 45.2 \text{kN}$$

$$\eta A_l f = 1.0 \times 1.25 \times 33\,936 \times 1.5 = 63.63 \text{kN} > 45.2 \text{kN}$$

所以过梁支座处砌体局部受压承载力满足要求。

6.3　挑　　　梁

挑梁是埋置于墙体中的悬挑构件，多用于房屋雨篷、阳台、悬挑外廊和悬挑楼梯等。在多层砌体房屋中，挑梁的一般嵌固方式是埋入墙体内一定长度，该长度内的竖向压力作用可以平衡挑梁挑出端承受的荷载，使得挑梁不致在挑出荷载的作用下发生倾覆破坏。此外，由于挑梁是和砌体共同工作的，因此，还要保证砌体局部受压承载力以及悬挑构件本身的承载力和变形要求。

6.3.1　挑梁的受力性能

当挑梁埋入墙内的长度较大，梁相对于砌体的刚度较小时，梁发生明显的挠曲变形，将这种挑梁称为弹性挑梁，例如，阳台挑梁，外廊挑梁等；当挑梁埋入墙内的长度较小，梁相对于砌体的刚度较大时，挠曲变形很小，主要发生刚体转动，将这种挑梁称为刚性挑梁，例如，雨篷挑梁。本节主要研究弹性挑梁的受力性能。

试验表明，在墙体上的均布荷载 p 和挑梁端部集中力 F 的作用下，挑梁经历了三个阶段：弹性阶段、带裂缝工作阶段和破坏阶段。

在砌体自重和上部荷载作用下，随着挑梁端部集中力 F 的增大，挑梁埋入墙体部分的上、下界面将产生竖向正应力，如图 6.5 所示。当加荷至 $0.2 \sim 0.3 F_u$ 时（F_u 为挑梁的破坏荷载），将在上界面产生水平裂缝①，如图 6.6 所示。荷载继续增大，裂缝也不断向墙内发展，随后在下界面出现水平裂缝②，并随着荷载的增大逐步向墙边发展，挑梁尾端有向上翘的趋势，此时，砌体出现塑性变形，挑梁如同杠杆围绕支撑面在砌体中工作。当加荷至约 $0.8F_u$ 时，在挑梁尾端的墙体中将出现阶梯形斜裂缝③，并斜向上发展，其与竖向轴线的夹角 α 一般大于 $45°$。荷载继续增大，水平裂缝②不断向外延伸，挑梁下砌体受压面积逐渐减少，压应力不断增大，将出现局部受压裂缝④。最后，挑梁可能发生下列三种破坏形态：

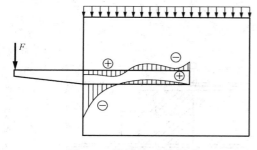

图 6.5　挑梁界面应力图

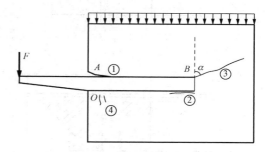

图 6.6　挑梁破坏形态

（1）挑梁倾覆破坏，挑梁围绕倾覆点 O 发生倾覆破坏。

（2）挑梁下砌体局部受压破坏，挑梁下靠近墙边的小部分砌体由于压应力过大发生局部受压破坏。

（3）挑梁弯曲破坏或剪切破坏，挑梁由于正截面受弯承载力或斜截面受剪承载力不足引起弯曲破坏或剪切破坏。

6.3.2　挑梁的设计

一、抗倾覆验算

当挑梁上墙体自重和楼板恒载产生的抗倾覆力矩小于挑梁悬挑段荷载引起的倾覆力矩时，挑梁将发生围绕倾覆点旋转的倾覆破坏。为了避免挑梁的倾覆破坏，应按下式进行抗倾覆验算

$$M_{ov} \leqslant M_r \tag{6.4}$$

式中　M_{ov}——挑梁的荷载设计值对计算倾覆点产生的倾覆力矩；

　　　M_r——挑梁的抗倾覆力矩设计值。

挑梁的抗倾覆力矩设计值可按下式计算

$$M_r = 0.8G_r(l_2 - x_0) \tag{6.5}$$

式中　G_r——挑梁的抗倾覆荷载；为挑梁尾端上部 $45°$ 扩展角的阴影范围（其水平投影长度为 l_3）内本层的砌体与楼面恒荷载标准值之和，如图 6.7 所示；当上部楼层无挑梁时，抗倾覆荷载中可计及上部楼层的楼面永久荷载。对于无洞口墙体，当 $l_3 \leqslant l_1$ 时，按图 6.7（a）计算；当 $l_3 > l_1$ 时，按图 6.7（b）计算。对于有洞口墙体，当洞口内边至挑梁埋入段尾端的距离不小于 $370mm$ 时，按图6.7（c）计算；否则，按图 6.7（d）计算。其中，l_1 为挑梁埋入墙体的长度，l_3 为挑梁尾端上斜线与上一层楼面相交的水平投影长度，l 为挑梁挑出的长度。

　　　l_2——G_r 作用点至墙外边缘的距离。

x_0——计算倾覆点 O 距墙体外边缘的距离。

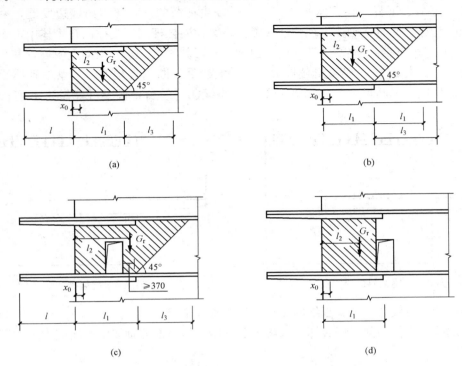

图 6.7 挑梁的抗倾覆荷载 G_r 的取值范围

(a) 不开洞墙体，$l_3 \leqslant l_1$；(b) 不开洞墙体，$l_3 > l_1$；

(c) 洞在 l_1 之内；(d) 洞在 l_1 之外

根据对挑梁的试验研究结果和有限元分析结果，挑梁计算倾覆点至墙外边缘的距离 x_0 可按下列规定采用：

（1）当 $l_1 \geqslant 2.2h_b$ 时（弹性挑梁）

$$x_0 = 0.3h_b \tag{6.6}$$

并且 $x_0 \leqslant 0.13l_1$。

（2）当 $l_1 < 2.2h_b$ 时（刚性挑梁）

$$x_0 = 0.13l_1 \tag{6.7}$$

式中 h_b——挑梁的截面高度。

当挑梁下有构造柱或垫梁时，计算倾覆点到墙外边缘的距离可取 $0.5x_0$。

对雨篷等悬挑构件的抗倾覆荷载 G_r 可按图 6.8 采用，图中 G_r 距墙外边缘的距离为 $l_2 = l_1/2$，$l_3 = l_n/2$。

二、挑梁下砌体局部受压承载力计算

挑梁下砌体局部受压承载力可按下列公式计算

$$N_l \leqslant \eta \gamma f A_l \tag{6.8}$$

式中 N_l——挑梁下的支承压力，可取 $N_l = 2R$，R 为挑梁的倾覆荷载设计值；

η——梁端底面压应力图形的完整系数，可取 0.7；

γ——砌体局部抗压强度提高系数，对矩形截面一字形墙段 [图 6.9 (a)]，$\gamma =$

1.25，对 T 形截面丁字状墙段 ［图 6.9 （b）］，$\gamma = 1.5$；

A_l——挑梁下砌体局部受压面积，可取 $A_l = 1.2bh_b$，b 为挑梁的截面宽度，h_b 为挑梁的截面高度。

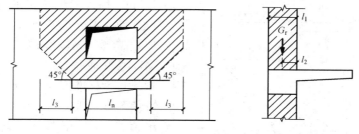

图 6.8　雨篷的抗倾覆荷载

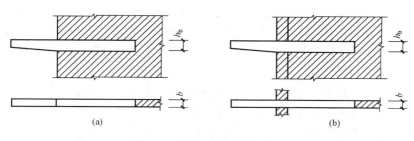

图 6.9　挑梁下砌体局部受压
（a）挑梁支承在一字墙；（b）挑梁支承在丁字墙

三、挑梁的承载力计算

挑梁应按钢筋混凝土受弯构件进行正截面受弯承载力和斜截面受剪承载力计算。如图 6.10 所示，为弹性挑梁的内力图，该内力图是将挑梁埋入墙体内的部分视为以砌体墙为弹性地基的弹性地基梁，根据弹性地基梁理论得到的。可见，由于计算倾覆点不在墙边而在距离墙边 x_0 处，因此，承载力计算时，挑梁的最大弯矩设计值 M_{max} 与最大剪力设计值 V_{max}，按下列公式计算

$$M_{max} = M_{ov} \tag{6.9}$$

$$V_{max} = V_o \tag{6.10}$$

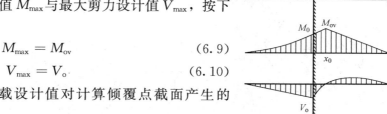

式中　M_o——挑梁的荷载设计值对计算倾覆点截面产生的弯矩；

　　　V_o——挑梁的荷载设计值在挑梁墙外边缘处截面产生的剪力。

图 6.10　挑梁的内力图

6.3.3　挑梁的构造要求

挑梁设计除应符合现行国家标准《混凝土结构设计规范》（GB 50010）的有关规定外，尚应满足下列要求：

（1）纵向受力钢筋至少应有 1/2 的钢筋面积伸入梁尾端，且不少于 2φ12。其余钢筋伸入支座的长度不应小于 $2l_1/3$。

（2）挑梁埋入砌体长度 l_1 与挑出长度 l 之比宜大于 1.2；当挑梁上无砌体时，l_1 与 l 之比宜大于 2。

【例 6.4】 某混合结构房屋阳台挑梁承受的荷载情况如图 6.11 所示。挑梁挑出长度 $l=$

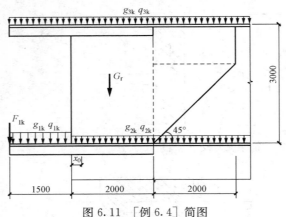

1.5m，埋入横墙内的长度 $l_1=2.0$m，挑梁截面尺寸 $b \times h_b = 240\text{mm} \times 350\text{mm}$。房屋层高为 3m，墙厚 240mm，墙体采用 MU10 普通烧结砖、M5 混合砂浆砌筑。挑梁自重标准值为 2.1kN/m，墙体自重标准值为 5.24kN/m；挑梁上的集中荷载标准值 $F_{1k}=6.0$kN，均布恒载标准值 g_{1k}、g_{2k}、g_{3k} 分别为 12kN/m、10kN/m、14kN/m，均布活荷载标准值 q_{1k}、q_{2k}、q_{3k} 分别为 7kN/m、6kN/m、6kN/m。若挑梁置于 T 形墙体上。试设计该挑梁。

图 6.11 ［例 6.4］简图

解 （1）抗倾覆验算。

$$l_1 = 2000\text{mm} > 2.2h_b = 2.2 \times 350 = 770\text{mm}$$

因此，$x_0 = 0.3h_b = 0.3 \times 350 = 105\text{mm} < 0.13l_1 = 260\text{mm}$。

倾覆力矩由阳台上的荷载 F_{1k}、g_{1k}、q_{1k} 和挑梁自重产生。

由可变荷载效应控制的组合

$$\begin{aligned}M_{ov} =\ & 1.2 \times [6 \times (1.5 + 0.105) + (12 + 2.1) \times (1.5 + 0.105)^2/2] \\ & + 1.3 \times 7 \times (1.5 + 0.105)^2/2 \\ =\ & 45.07\text{kN} \cdot \text{m}\end{aligned}$$

由永久荷载效应控制的组合

$$\begin{aligned}M_{ov} =\ & 1.35 \times [6 \times (1.5 + 0.105) + (12 + 2.1) \times (1.5 + 0.105)^2/2] \\ & + 1.3 \times 0.7 \times 7 \times (1.5 + 0.105)^2/2 \\ =\ & 45.72\text{kN} \cdot \text{m}\end{aligned}$$

取 $M_{ov} = 45.72\text{kN} \cdot \text{m}$。

抗倾覆力矩为

$$\begin{aligned}M_r =\ & 0.8G_r(l_2 - x_0) \\ =\ & 0.8 \times [(10 + 2.1) \times 2 \times (1 - 0.105) + 5.24 \times 2 \times 3 \times (1 - 0.105) \\ & + 5.24 \times 2 \times (3 - 2) \times (1 + 2 - 0.105) + 5.24 \times 2^2/2 \times (2/3 + 2 - 0.105)] \\ =\ & 87.12\text{kN} \cdot \text{m}\end{aligned}$$

$M_r > M_{ov}$，故挑梁抗倾覆能力满足要求。

（2）挑梁下砌体局部受压验算。

由式（6.8）得

$$\begin{aligned}N_l = 2R =\ & 2 \times \{1.2 \times [6 + (12 + 2.1) \times (1.5 + 0.105)] + 1.3 \times 7 \times (1.5 + 0.105)\} \\ =\ & 2 \times (1.2 \times 28.63 + 1.3 \times 11.24) = 97.92\text{kN}\end{aligned}$$

取 $\eta = 0.7$，$\gamma = 1.5$，$f = 1.5\text{N/mm}^2$，$A_l = 1.2bh_b$

$$\eta \gamma A_l f = 0.7 \times 1.5 \times (1.2 \times 240 \times 350) \times 1.5 = 158.76\text{kN} > 97.92\text{kN}$$

故挑梁下砌体局部受压承载力满足要求。

（3）挑梁承载力计算。

由式（6.9）、式（6.10）得

$$M_{max} = M_{ov} = 45.72 \text{kN} \cdot \text{m}$$

$$V_{max} = V_o = 1.2 \times [6 + (12 + 2.1) \times 1.5] + 1.3 \times 7 \times 1.5 = 46.23 \text{kN}$$

采用 HRB335 钢筋，C20 混凝土，经配筋计算纵筋选用 3Φ16，箍筋选用双肢Φ6@200。

6.4　墙　　　梁

由钢筋混凝土托梁及砌筑于其上的计算高度范围内的墙体所组成的组合构件称为墙梁。墙梁按承重情况的不同，分为承重墙梁和自承重墙梁两类。承重墙梁除承受自身重力外，还承受楼（屋）盖或其他结构传来的荷载；自承重墙梁承受托梁和砌筑在它上面的墙体的自身重力荷载。并且，两者都可以做成无洞口墙梁和有洞口墙梁。此外，按照其结构形式，墙梁可分为简支墙梁、连续墙梁和框支墙梁，如图 6.12 所示。

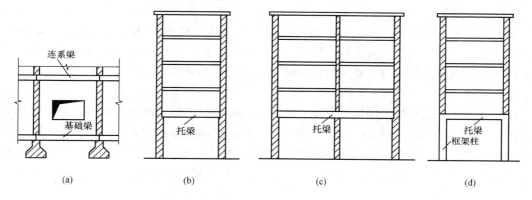

图 6.12　墙梁
（a）自承重墙梁；（b）简支墙梁；（c）连续墙梁；（d）框支墙梁

由于采用墙梁的建筑在底层可以获得较大的使用空间，因此，墙梁被广泛应用于底层为商店、会议室、食堂等大空间房间，上层为住宅、办公室、宿舍等小房间等民用和工业建筑中。该类结构中，墙梁能充分发挥两种不同材料（钢筋混凝土和砖砌体）的性能，具有受力合理、节省材料、施工方便等优点。

6.4.1　墙梁的工作性能

一、无洞口墙梁

根据试验研究和有限元分析结果表明，无洞口墙梁的主压应力迹线呈拱形，作用于墙梁顶面的荷载通过墙体的拱作用向支座传递。其中，支座上方斜向砌体为拱肋，托梁为拉杆，由此形成了上部砌体和托梁的组合拱受力体系，如图 6.13（a）所示。托梁的上下钢筋全部受拉，沿跨度方向钢筋应力分布比较均匀，托梁处于小偏心受拉状态。

二、有洞口墙梁

对于有洞口墙梁，当墙体跨中区段开门洞时，其应力分布与无洞口墙梁基本一致，主应力迹线也变化不大，临近破坏时，墙梁也将形成组合拱受力体系，托梁也处于小偏心受拉状态，如图 6.13（b）所示。当洞口靠近支座附近区段时，墙梁的主应力迹线较复杂，墙梁将形成大拱套小拱的组合拱受力体系，如图 6.13（c）所示。托梁既作为大拱的拉杆承受拉力，又作为小拱一端的弹性支座，承受小拱传来的竖向压力。偏开洞墙梁，由于靠近跨中洞口边缘一侧存在较大的压应力，托梁承受较大的弯矩，一般处于大偏心受拉状态。

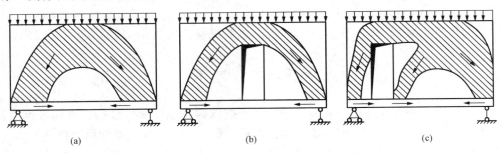

图 6.13　墙梁的工作性能

（a）无洞口墙梁；（b）中间开洞墙梁；（c）偏开洞墙梁

三、连续墙梁

对于等跨等截面连续墙梁，与一般连续梁相比，由于墙梁存在组合作用，托梁跨中弯矩、第一支座弯矩、边支座剪力等控制截面内力都有一定程度的降低，同时，托梁出现了较大的轴拉力，因此，托梁跨中截面与简支墙梁一样按偏心受拉构件计算。

四、框支墙梁

框支墙梁可看成框架、墙体、顶梁和构造柱组成的。在竖向荷载作用下，由于墙体和框架间存在组合作用，与相同条件下的框架相比，托梁的内力降低很多。托梁跨中区段为偏心受拉构件，各截面弯矩和剪力均小于框架梁相应的弯矩和剪力。框架边柱为偏心受压构件，反弯点距柱底为 0.37～0.4 倍柱的净高。混凝土顶梁为偏心受压构件，构造柱一般为偏压构件。

6.4.2　墙梁的设计

一、墙梁设计规定

（1）墙梁设计的一般规定。采用烧结普通砖、混凝土普通砖、混凝土多孔砖和混凝土砌块砌体的墙梁设计应符合表 6.1 的规定。

表 6.1　　　　　　　　　　　　　　墙 梁 的 一 般 规 定

墙梁类别	墙体总高度 (m)	跨度 (m)	墙体高跨比 h_w/l_{0i}	托梁高跨比 h_b/l_{0i}	洞宽比 h_h/l_{0i}	洞高 h_h
承重墙梁	≤18	≤9	≥0.4	≥1/10	≤0.3	≤$5h_w/6$ 且 h_w-h_h≥0.4m
自承重墙梁	≤18	≤12	≥1/3	≥1/15	≤0.8	—

注　墙体总高度指托梁顶面到檐口的高度，带阁楼的坡层面应算到山尖墙 1/2 高度处。

墙梁计算高度范围内每跨允许设置一个洞口，洞口高度，对窗洞取洞顶至托梁顶面距离。对自承重墙梁，洞口至边支座中心的距离不应小于 $0.1l_{0i}$，门窗洞上口至墙顶的距离不应小于 0.5m。

洞口边缘至支座中心的距离，距边支座不应小于墙梁计算跨度 0.15 倍，距中支座不应小于墙梁计算跨度的 0.07 倍。托梁支座处上部墙体设置混凝土构造柱、且构造柱边缘至洞口边缘的距离不小于 240mm 时，洞口边至支座中心距离的限值可不受上述规定的限制。

托梁高跨比，对无洞口墙梁不宜大小 1/7，对靠近支座有洞口的墙梁不宜大于 1/6。配筋砌块砌体墙梁的托梁高跨比可适当放宽，但不宜小于 1/14；当墙梁结构中的墙体均为配筋砌块砌体时，墙体总高度可不受该规定的限制。

（2）墙梁的计算简图。墙梁的计算简图应按图 6.14 采用，各计算参数应按下列规定：

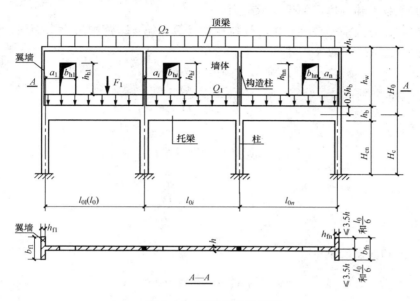

图 6.14　墙梁的计算简图

1）墙梁计算跨度 $l_0(l_{0i})$，对简支墙梁和连续墙梁取 $1.1l_n(1.1l_{ni})$ 或 $l_c(l_{ci})$ 两者的较小值；$l_n(l_{ni})$ 为净跨，$l_c(l_{ci})$ 为支座中心线距离，各跨计算跨度相差不超过 20％ 时，可按等跨连续墙梁考虑；对框支墙梁，取框架柱中心线间的距离 $l_c(l_{ci})$。

2）墙体计算高度 h_w，取托梁顶面上一层墙体（包括顶梁）高度，当 $h_w > l_0$ 时，取 $h_w = l_0$（对连续墙梁和多跨框支墙梁，l_0 取各跨的平均值）。

3）墙梁跨中截面计算高度 H_0，取 $H_0 = h_w + 0.5h_b$。

4）翼墙计算宽度 b_f，取窗间墙宽度或横墙间距的 2/3，且每边不大于 $3.5h$（h 为墙体厚度）和 $l_0/6$。

5）框架柱计算高度 H_c，取 $H_c = H_{cn} + 0.5h_b$；H_{cn} 为框架柱的净高，取基础顶面至托梁底面的距离。

（3）墙梁的计算荷载。使用阶段墙梁上的荷载应符合下列规定：

1）对于承重墙梁：托梁顶面的荷载设计值 Q_1、F_1，取托梁自重及本层楼盖的恒荷载和活荷载；墙梁顶面的荷载设计值 Q_2，取托梁以上各层墙体自重，以及墙梁顶面以上各层楼（屋）盖的恒荷载和活荷载；集中荷载可沿作用的跨度近似化为均布荷载。

2）对于自承重墙梁：墙梁顶面的荷载设计值 Q_2，取托梁自重及托梁以上墙体自重。

施工阶段托梁上的荷载包括：

1）托梁自重及本层楼盖的恒荷载。

2）本层楼盖的施工荷载。

3）墙体自重，可取高度为 $l_{0max}/3$ 的墙体自重，开洞时尚应按洞顶以下实际分布的墙体自重复核；l_{0max} 为各计算跨度的最大值。

二、托梁正截面承载力计算

墙梁应分别进行托梁使用阶段正截面承载力和斜截面受剪承载力计算、墙体受剪承载力和托梁支座上部砌体局部受压承载力计算，以及施工阶段托梁承载力验算。自承重墙梁可不验算墙体受剪承载力和砌体局部受压承载力。

托梁跨中截面应按钢筋混凝土偏心受拉构件计算，第 i 跨跨中最大弯矩设计值 M_{bi} 及轴心拉力设计值 N_{bti} 可按下列公式计算

$$M_{bi} = M_{1i} + \alpha_M M_{2i} \tag{6.11}$$

$$N_{bti} = \eta_N \frac{M_{2i}}{H_0} \tag{6.12}$$

其中，对简支墙梁

$$\alpha_M = \varphi_M \left(1.7 \frac{h_b}{l_0} - 0.03\right) \tag{6.13}$$

$$\varphi_M = 4.5 - 10 \frac{a}{l_0} \tag{6.14}$$

$$\eta_N = 0.44 + 2.1 \frac{h_w}{l_0} \tag{6.15}$$

对连续墙梁和框支墙梁

$$\alpha_M = \varphi_M \left(2.7 \frac{h_b}{l_{0i}} - 0.08\right) \tag{6.16}$$

$$\varphi_M = 3.8 - 8 \frac{a_i}{l_{0i}} \tag{6.17}$$

$$\eta_N = 0.8 + 2.6 \frac{h_w}{l_{0i}} \tag{6.18}$$

式中　M_{1i}——荷载设计值 Q_1、F_1 作用下的简支梁跨中弯矩或按连续梁或框架分析的托梁第 i 跨跨中最大弯矩。

M_{2i}——荷载设计值 Q_2 作用下的简支梁跨中弯矩或按连续梁或框架分析的托梁第 i 跨跨中弯矩中的最大值。

α_M——考虑墙梁组合作用的托梁跨中弯矩系数，对自承重简支墙梁，在公式计算值的基础上可乘以调整系数 0.8；当式（6.13）中的 $h_b/l_0 > 1/6$ 时，取 $h_b/l_0 = 1/6$；当式（6.16）中的 $h_b/l_{0i} > 1/7$ 时，取 $h_b/l_{0i} = 1/7$；当 $\alpha_M > 1.0$ 时，取 $\alpha_M = 1.0$。

η_N——考虑墙梁组合作用的托梁跨中轴力系数，对自承重简支墙梁，在公式计算值的基础上应乘以调整系数 0.8；当式（6.15）、式（6.18）中 $h_w/l_{0i} > 1$ 时，取 $h_w/l_{0i} = 1$。

φ_M——洞口对托梁弯矩的影响系数，对无洞口墙梁取 $\varphi_M = 1.0$。

a_i——洞口边至墙梁最近支座的距离，当 $a_i > 0.35 l_{0i}$ 时，取 $a_i = 0.35 l_{0i}$。

托梁在临近支座处应按钢筋混凝土受弯构件计算，第 j 支座的弯矩设计值 M_{bj} 可按下列公式计算

$$M_{bj} = M_{1j} + \alpha_M M_{2j} \tag{6.19}$$

$$\alpha_M = 0.75 - \frac{a_i}{l_{0i}} \tag{6.20}$$

式中　M_{1j}——荷载设计值 Q_1、F_1 作用下按连续梁或框架分析的托梁第 j 支座的弯矩设
　　　　　计值;

　　　M_{2j}——荷载设计值 Q_2 作用下按连续梁或框架分析的托梁支座弯矩;

　　　α_M——考虑组合作用的托梁支座弯矩系数,无洞口墙梁取 0.4,有洞口墙梁可按式
　　　　　(6.20)计算。

　　对在墙梁顶面荷载 Q_2 作用下的多跨框支墙梁的框支柱,当柱的轴压力增大对承载力不
利时,轴压力值应乘以修正系数 1.2。

三、托梁斜截面承载力计算

　　墙梁的托梁斜截面受剪承载力应按钢筋混凝土受弯构件计算,第 j 支座边缘截面的剪力
设计值 V_{bj} 可按下式计算

$$V_{bj} = V_{1j} + \beta_v V_{2j} \tag{6.21}$$

式中　V_{1j}——荷载设计值 Q_1、F_1 作用下按连续梁或框架分析的托梁第 j 支座边缘截面的剪
　　　　　力设计值;

　　　V_{2j}——荷载设计值 Q_2 作用下按连续梁或框架分析的托梁第 j 支座边缘截面的剪力设
　　　　　计值;

　　　β_v——考虑墙梁组合作用的托梁剪力系数,无洞口墙梁边支座取 0.6,中间支座取
　　　　　0.7;有洞口墙梁边支座取 0.7,中间支座取 0.8。对自承重墙梁,无洞口时
　　　　　取 0.45,有洞口时取 0.5。

四、墙体受剪承载力计算

墙梁的墙体受剪承载力,应按下列公式计算

$$V_2 \leqslant \xi_1 \xi_2 \left(0.2 + \frac{h_b}{l_{0i}} + \frac{h_t}{l_{0i}}\right) f h h_w \tag{6.22}$$

式中　V_2——荷载设计值 Q_2 作用下墙梁支座边缘剪力的最大值;

　　　ξ_1——翼墙影响系数,对单层墙梁取 1.0,对多层墙梁,当 $b_f/h = 3$ 时取 1.3,当
　　　　　$b_f/h = 7$ 时取 1.5,当 $3 < b_f/h < 7$ 时,按线性插入取值;

　　　ξ_2——洞口影响系数,无洞口墙梁取 1.0,多层有洞口墙梁取 0.9,单层有洞口墙梁
　　　　　取 0.6;

　　　h_t——墙梁顶面圈梁截面高度。

　　当墙梁支座处墙体中设置上、下贯通的落地混凝土构造柱,且其截面不小于 240mm×
240mm 时,可不验算墙梁的墙体受剪承载力。

五、砌体局部受压承载力验算

　　托梁支座上部砌体局部受压承载力应按下列公式验算

$$Q_2 \leqslant \xi f h \tag{6.23}$$

$$\xi = 0.25 + 0.08 \frac{b_f}{h} \tag{6.24}$$

式中　ξ——局压系数。

　　考虑到墙梁在端部设置翼墙或在支座处布置上下贯通并且落地的构造柱时,可明显降低

支座附近砌体的应力集中程度，因此，当 $b_f/h \geqslant 5$ 或墙梁的墙体中设置上、下贯通的落地构造柱，且截面不小于 240mm×240mm 时，可不验算托梁支座上部砌体局部受压承载力。

六、托梁施工阶段承载力验算

由于墙梁结构中的组合作用是在托梁上砌筑墙体后形成的，因此，在施工阶段托梁应按混凝土受弯构件进行施工阶段的受弯、受剪承载力验算。

6.4.3 墙梁的构造要求

对于墙梁的设计应符合下列构造要求。

一、材料

（1）托梁和框支柱的混凝土强度等级不应低于 C30。

（2）承重墙梁的块体强度等级不应低于 MU10，计算高度范围内墙体的砂浆强度等级不应低于 M10（Mb10）。

二、墙体

（1）框支墙梁的上部砌体房屋，以及设有承重的简支墙梁或连续墙梁的房屋，应满足刚性方案房屋的要求。

（2）墙梁的计算高度范围内的墙体厚度，对砖砌体不应小于 240mm，对混凝土砌块砌体不应小于 190mm。

（3）墙梁洞口上方应设置混凝土过梁，其支承长度不应小于 240mm；洞口范围内不应施加集中荷载。

（4）承重墙梁的支座处应设置落地翼墙，翼墙厚度，对砖砌体不应小于 240mm，对混凝土砌块砌体不应小于 190mm，翼墙宽度不应小于墙梁墙体厚度的 3 倍，并与墙梁墙体同时砌筑。当不能设置翼墙时，应设置落地且上、下贯通的混凝土构造柱。

（5）当墙梁墙体在靠近支座 1/3 跨度范围内开洞时，支座处应设置落地且上、下贯通的混凝土构造柱，并应与每层圈梁连接。

（6）墙梁计算高度范围内的墙体，每天可砌高度不应超过 1.5m，否则，应加设临时支撑。

三、托梁

（1）托梁两侧各两个开间的楼高应采用现浇混凝土楼盖，楼板厚度不应小于 120mm，当楼板厚度大于 150mm 时，应采用双层双向钢筋网，楼板上应少开洞，洞口尺寸大于 800mm 时应设洞口边梁。

（2）托梁每跨底部的纵向受力钢筋应通长设置，不得在跨中段弯起或截断。钢筋接长应采用机械连接或焊接。

（3）托梁跨中截面纵向受力钢筋总配筋率不应小于 0.6%。

（4）托梁上部通长布置的纵向钢筋面积与跨中下部纵向钢筋面积之比值不应小于 0.4。连续墙梁或多跨框支墙梁的托梁支座上部附加纵向钢筋从支座边缘算起每边延伸不少于 $l_0/4$。

（5）承重墙梁的托梁在砌体墙、柱上的支承长度不应小于 350mm。纵向受力钢筋伸入支座应符合受拉钢筋的锚固要求。

（6）当托梁高度 $h_b \geqslant 450$mm 时，应沿梁高设置通长水平腰筋，直径不应小于 12mm，间距不应大于 200mm。

（7）对于洞口偏置的墙梁，其托梁的箍筋加密区范围应延到洞口外，距洞边的距离大于等于托梁截面高度 h_b，箍筋直径不应小于 8mm，间距不应大于 100mm（图 6.15）。

【例 6.5】　某四层房屋，底层为大开间，刚性方案，外纵墙厚为 370mm，底层层高 3.6m，二层以上层高为 3.0m，底层开间 5.7m，如图 6.16 所示。在底层设置截面尺寸为 250mm×600mm 的横向托梁，梁上砌筑 240mm 厚的承重

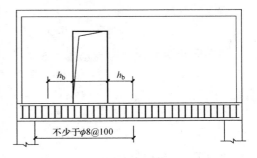

图 6.15　偏开洞时托梁箍筋加密区

墙体形成墙梁。托梁采用 C30 混凝土制作，主筋用 HRB335 级钢筋，箍筋采用 HPB300 级钢筋，墙体采用 MU10 烧结普通砖和 M7.5 混合砂浆砌筑而成。楼屋盖均采用 120mm 厚预制空心板，屋面恒荷载标准值为 5.06kN/m²，楼面恒荷载标准值为 3.21kN/m²，屋面活荷载为 0.5kN/m²，楼面活荷载为 2.0kN/m²。240mm 厚砖墙自重为 5.24kN/m²。墙梁顶部钢筋混凝土圈梁截面高度为 120mm。试设计此墙梁。

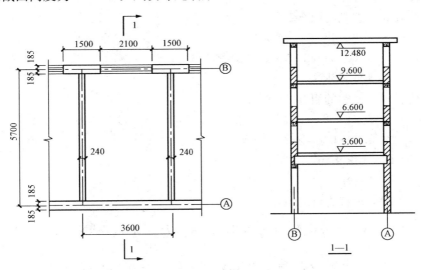

图 6.16　［例 6.5］简图

解　（1）参数计算。

墙梁跨度为

$$l = 5700\text{mm}$$

墙梁净跨为

$$l_n = 5700 - 370 = 5330\text{mm}, \ 1.1l_n = 1.1 \times 5330 = 5863\text{mm} > l$$

故取计算跨度为

$$l_0 = 5700\text{mm}$$

由表 6.1 得托梁高 $h_b \geqslant 1/10 l_0 = 570$mm，取 $h_b = 600$mm，取托梁宽度 $b_b = 250$mm，则托梁的截面有效高度为

$$h_0 = 600 - 35 = 565\text{mm}$$

墙体计算高度为

$$h_w = 6.6 - 3.6 - 0.12 - 0.12 = 2.76\text{m}$$

墙梁计算高度为

$$H_0 = h_w + h_b/2 = 2760 + 300 = 3060\text{mm}$$

$$h_w/l_0 = 2760/5700 = 0.48 > 0.4$$

满足要求。

（2）荷载计算。

1）托梁顶面荷载。

由可变荷载效应控制的组合

$$Q_1 = 1.2 \times (0.25 \times 0.6 \times 25 + 3.21 \times 3.6) + 1.4 \times 2 \times 3.6 = 28.45\text{kN/m}$$

由永久荷载效应控制的组合

$$Q_1 = 1.35 \times (0.25 \times 0.6 \times 25 + 3.21 \times 3.6) + 1.4 \times 0.7 \times 2 \times 3.6 = 26.41\text{kN/m}$$

故取 $Q_1 = 28.45\text{kN/m}$。

2）墙梁顶面荷载。

由可变荷载效应控制的组合

$$\begin{aligned} Q_2 &= 1.2 \times [5.24 \times 3 \times 2.76 + (5.06 + 2 \times 3.21) \times 3.6] + 1.4 \\ &\quad \times (0.5 + 0.85 \times 2 \times 2) \times 3.6 \\ &= 121.62\text{kN/m} \end{aligned}$$

由永久荷载效应控制的组合

$$\begin{aligned} Q_2 &= 1.35 \times [5.24 \times 3 \times 2.76 + (5.06 + 2 \times 3.21) \times 3.6] + 1.4 \times 0.7 \\ &\quad \times (0.5 + 0.85 \times 2 \times 2) \times 3.6 \\ &= 128.13\text{kN/m} \end{aligned}$$

故取 $Q_2 = 128.13\text{kN/m}$

（3）托梁正截面承载力计算。

$$M_1 = \frac{1}{8} Q_1 l_0^2 = \frac{1}{8} \times 28.45 \times 5.7^2 = 115.54\text{kN} \cdot \text{m}$$

$$M_2 = \frac{1}{8} Q_2 l_0^2 = \frac{1}{8} \times 128.13 \times 5.7^2 = 520.37\text{kN} \cdot \text{m}$$

因为是无洞口墙梁，故 $\varphi_M = 1.0$。

$$\alpha_M = \varphi_M \left(1.7 \frac{h_b}{l_0} - 0.03 \right) = 1.0 \times \left(1.7 \times \frac{600}{5700} - 0.03 \right) = 0.149$$

$$\eta_N = 0.44 + 2.1 \frac{h_w}{l_0} = 0.44 + 2.1 \times \frac{2760}{5700} = 1.4568$$

由式（6.11）、式（6.12）得

$$M_b = M_1 + \alpha_M M_2 = 115.54 + 0.149 \times 520.37 = 193.02\text{kN} \cdot \text{m}$$

$$N_{bt} = \eta_N \frac{M_2}{H_0} = 1.4568 \times \frac{520.37}{3.06} = 247.74\text{kN}$$

$$e_0 = \frac{M_b}{N_{bt}} = \frac{193.02}{247.74} = 0.779$$

为大偏心受拉构件。

$$e = e_0 - \frac{h_b}{2} + a_s = 779 - 300 + 35 = 514\text{mm}$$

$$e' = e_0 + \frac{h_b}{2} - a'_s = 779 + 300 - 35 = 1044\text{mm}$$

由大偏拉构件的承载力计算公式得

$$N_{bt} \leqslant f_y A_s - f'_y A'_s - f_c b_b x$$

$$N_{bt} e \leqslant f_c b_b x \left(h_0 - \frac{x}{2} \right) + f'_y A'_s (h_0 - a'_s)$$

并取 $A'_s = \frac{A_s}{3}$，$f_y = f'_y = 300\text{N/mm}^2$，$f_c = 14.3\text{N/mm}^2$，$f_t = 1.43\text{N/mm}^2$

解得

$$x = 44\text{mm} < 2a'_s = 70\text{mm}$$

$$A_s = \frac{N_{bt} e'}{f_y (h'_0 - a'_s)} = \frac{247.74 \times 10^3 \times 1044}{300 \times (565 - 35)} = 1678\text{mm}^2$$

选用 4Φ25，实际钢筋面积 $A_s = 1964\text{mm}^2$。

$$A'_s = \frac{1964}{3} = 655\text{mm}^2$$

选用 4Φ16，实际钢筋面积 $A'_s = 804\text{mm}^2$。

$A_s + A'_s = 2768\text{mm}^2 > 0.6\% \times 250 \times 600 = 900\text{mm}^2$，满足最小配筋率要求。

（4）托梁斜截面受剪承载力计算。

由于是无洞口墙梁边支座，故托梁支座边缘剪力系数 $\beta_v = 0.6$。

由式（6.21）得

$$V_b = V_1 + \beta_v V_2 = \frac{1}{2} Q_1 l_n + \beta_v \frac{1}{2} Q_2 l_n$$

$$= \frac{1}{2} \times 28.45 \times 5.33 + 0.6 \times \frac{1}{2} \times 128.13 \times 5.33 = 280.70\text{kN} < 0.25 f_c b_b h_0$$

$$= 0.25 \times 14.3 \times 250 \times 565 = 504.97\text{kN}$$

由 $V_b = \alpha_{cv} f_t b_b h_0 + f_{yv} \dfrac{A_{sv}}{s} h_0$，$\alpha_{cv} = 0.7$，$f_{yv} = 270\text{N/mm}^2$ 得

$$\frac{A_{sv}}{s} = 0.913$$

选用双肢Φ10@160，实际 $\dfrac{A_{sv}}{s} = 0.981$。

（5）墙体受剪承载力计算。

取翼墙计算宽度 $b_f = 1500\text{mm}$，则

$$b_f / h = 1500/240 = 6.25, \quad \xi_1 = 1.315$$

由于无洞口，故 $\xi_2 = 1.0$。

$$V_2 = \frac{1}{2} Q_2 l_n = \frac{1}{2} \times 128.13 \times 5.33 = 341.47\text{kN}$$

由式（6.22）得

$$\xi_1 \xi_2 \left(0.2 + \frac{h_b}{l_0} + \frac{h_t}{l_0} \right) f h h_w = 1.315 \times 1.0 \times \left(0.2 + \frac{600}{5700} + \frac{120}{5700} \right) \times 1.69 \times 240 \times 2760$$

$$= 529.68\text{kN} > V_2$$

故满足要求。

托梁支座上部砌体局部受压承载力和托梁施工阶段承载力验算此处从略。

本 章 小 结

（1）圈梁可以提高房屋的空间刚度和整体性，减轻由于地基不均匀沉降、地震或其他振动荷载对房屋的损伤和破坏。

（2）过梁按照所用材料的不同分为砖砌过梁、钢筋砖过梁和钢筋混凝土过梁。过梁与其上部墙体具有共同作用的性能，墙体的部分荷载是通过墙体的拱的作用直接传递到窗间墙上，从而减小了过梁的荷载。

（3）挑梁是埋置于墙体中的悬挑构件。可能发生三种破坏形态：挑梁倾覆破坏、挑梁下砌体局部受压破坏和挑梁弯曲破坏或剪切破坏。因此，挑梁除了进行正截面受弯和斜截面受剪承载力计算外，还应进行抗倾覆验算及梁下砌体的局部受压承载力验算。

（4）墙梁按照支承情况的不同可分为简支墙梁、连续墙梁和框支墙梁。墙梁可能发生的破坏形态有正截面破坏、斜截面破坏和局部受压破坏。因此，墙梁设计时，应进行使用阶段的正截面承载力计算、斜截面受剪承载力计算和局部受压承载力验算。在施工阶段，由于托梁与墙体的组合作用还没有形成，故应按托梁单独受力的受弯构件进行承载力计算。

思 考 题

6.1　圈梁的作用是什么？应如何合理的布置圈梁？

6.2　常见的过梁类型有哪些？各自的适用范围是什么？

6.3　过梁上的荷载如何取值？

6.4　挑梁有哪几种类型？挑梁设计中应考虑哪些主要问题？

6.5　挑梁的倾覆力矩和抗倾覆力矩如何计算？

6.6　墙梁有哪几种类型？设计时，承重墙梁必须满足哪些基本条件？

6.7　无洞口墙梁、有洞口墙梁的受力特点各是什么？

6.8　墙梁的计算简图如何确定？墙梁上的荷载如何确定和取值？

6.9　墙梁的承载力计算都包括哪些内容？

6.10　墙梁设计时有哪些主要的构造要求？

习 题

6.1　已知某墙窗洞口净宽 $l_n = 1.2\text{m}$，墙厚 240mm，采用砖砌平拱过梁，过梁的构造高度为 240mm，采用 MU10 烧结普通砖、M5 混合砂浆砌筑。在距洞口顶面 1.5m 处作用楼板传来的荷载标准值为 14.2kN/m（其中活荷载标准值为 5.1kN/m）。试验算该过梁的承载力。

6.2　已知钢筋砖过梁的净跨 $l_n = 1.5\text{m}$，宽度与墙厚相同，均为 240mm，采用 MU10

黏土砖、M5 混合砂浆砌筑而成。在离洞口顶面 0.9m 处作用有楼板传来的均布荷载，其中，恒载标准值为 10.1kN/m，活荷载标准值为 4.5kN/m，砖墙自重为 5.24kN/m。试设计该钢筋砖过梁。

6.3 某房屋阳台挑梁承受的荷载情况如图 6.17 所示。挑梁挑出长度 $l=1.5$m，埋入横墙内的长度 $l_1=2.0$m，挑梁截面尺寸 $b \times h_b = 240$mm$\times 300$mm。房屋层高为 2.8m，墙厚 240mm，墙体采用 MU10 普通烧结砖、M5 混合砂浆砌筑。挑梁自重标准值为 1.8kN/m，墙体自重标准值为 5.24kN/m；挑梁上的集中荷载标准值 $F_{1k} = 6.0$kN，均布恒载标准值 g_{1k}、g_{2k}、g_{3k} 分别为 5.8kN/m、12.8kN/m、11.6kN/m，均布活荷载标准值 q_{1k}、q_{2k}、q_{3k} 分别为 4.2kN/m、5.8kN/m、4.2kN/m。若挑梁置于 T 形墙体上。试设计该挑梁。

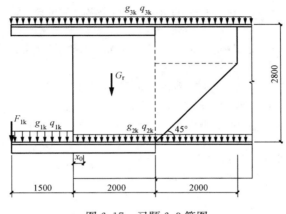

图 6.17 习题 6.3 简图

6.4 某三层生产车间的东、西外墙采用 3 跨连续承重墙梁，等跨无洞口墙梁支承在 500mm$\times$500mm 的基础上。包括顶梁在内，托梁顶面至二层楼面高度为 3.2m，顶梁截面为 240mm$\times$240mm，由上部楼面和砖墙传至墙梁顶面的均布荷载设计值为 96kN/m，跨度 4m 的托梁截面尺寸为 $b_b \times h_b = 250$mm$\times 450$mm，采用 C20 混凝土，托梁上砖墙采用 MU10 烧结普通砖和 M7.5 混合砂浆砌筑而成，墙厚为 240mm。试设计此连续墙梁。

参　考　文　献

［1］中华人民共和国住房和城乡建设部. GB 50068—2001 建筑结构可靠度设计统一标准. 北京：中国建筑工业出版社，2001.

［2］中华人民共和国住房和城乡建设部. GB 50009—2012 建筑结构荷载规范. 北京：中国建筑工业出版社，2012.

［3］中华人民共和国住房和城乡建设部. GB 50003—2011 砌体结构设计规范. 北京：中国建筑工业出版社，2012.

［4］陕西省住房和城乡建设厅. GB 50203—2011 砌体结构工程施工质量验收规范. 北京：中国建筑工业出版社，2011.

［5］中华人民共和国住房和城乡建设部. GB 50010—2010 混凝土结构设计规范. 北京：中国建筑工业出版社，2011.

［6］唐岱新，龚绍熙，周炳章. 砌体结构设计规范理解与应用. 北京：中国建筑工业出版社，2002.

［7］唐岱新. 砌体结构. 2 版. 北京：高等教育出版社，2009.

［8］施楚贤. 砌体结构. 2 版. 北京：中国建筑工业出版社，2008.

［9］刘立新. 砌体结构. 3 版. 武汉：武汉理工大学出版社，2007.

［10］杨伟军. 砌体结构. 北京：高等教育出版社，2004.

［11］许淑芳，熊仲明. 砌体结构. 北京：科学出版社，2004.

［12］苏小卒. 砌体结构设计. 上海：同济大学出版社，2002.